地方应用型本科教学内涵建设成果系列丛书

江苏省教育厅高等教育教学改革项目"基于CDIO的食品感官评价项目化教学研究与实践"（2013JSJG105）
常熟理工学院教育教学改革重点项目"基于CDIO理念的食品感官科学项目化教学改革"（CITJGIN201303）
常熟理工学院教学团队培育项目（食品安全与品质控制教学团队，JXNH2014115）

现代仪器分析
项目化教程

主　编　权　英　丁建英　陈梦玲

副主编　詹月华　邓仕英

 南京大学出版社

图书在版编目(CIP)数据

现代仪器分析项目化教程 / 权英，丁建英，陈梦玲
主编. — 南京：南京大学出版社，2016.11(2023.11 重印)
（地方应用型本科教学内涵建设成果系列丛书）
ISBN 978-7-305-17914-3

Ⅰ. ①现… Ⅱ. ①权… ②丁… ③陈… Ⅲ. ①仪器分
析一高等学校一教材 Ⅳ. ①O657

中国版本图书馆 CIP 数据核字（2016）第 281437 号

出版发行　南京大学出版社
社　　址　南京市汉口路 22 号　　　邮　编　210093
丛 书 名　地方应用型本科教学内涵建设成果系列丛书
书　　名　**现代仪器分析项目化教程**
主　　编　权　英　丁建英　陈梦玲
责任编辑　蔡文彬　　　　　　　编辑热线　025-83592146
照　　排　南京南琳图文制作有限公司
印　　刷　广东虎彩云印刷有限公司
开　　本　718×960　1/16　印张 12.25　字数 220 千
版　　次　2023 年 11 月第 1 版第 4 次印刷
ISBN 978-7-305-17914-3
定　　价　39.00 元

网址：http://www.njupco.com
官方微博：http://weibo.com/njupco
微信服务号：njuyuexue
销售咨询热线：（025）83594756

前　言

　　仪器分析是一门技术性和实践性很强的综合性课程,在农业化学、环境保护、化学分析、医学检验和食品安全等多个专业领域广泛应用。尤其在食品科学领域,已成为品质检验、质量控制、安全检测以及成分分析等工作的重要技术手段。目前,很多高校已把现代仪器分析作为部分专业的必修课或选修课程。

　　本书全面贯彻 CDIO 工程教育理念〔CDIO 是指构思(Conceive)、设计(Design)、实现(Implement)和运作(Operate),它以产品研发到产品运行的生命周期为载体,让学生以主动的、实践的方式学习工程的理念〕,以食品安全领域的典型任务为载体,构建项目化学习情境,将课程知识点根据真实情境能力需求重构,强化项目导向的"教、学、做"一体化的教与学,以充分调动学生学习的主动性、探究性与创造性。

　　本教材在内容上重点选取了化工、食品安全领域常用的现代仪器分析方法,注重理论与实践相结合,体现了地方应用型本科高校"注重学理,亲近业界"的人才培养理念,以行业需求为本位重构了应用性本科人才"素质、知识与能力"的结构,注重知识的复合性、现时性和应用性,以培养学生综合运用理论知识和方法解决实际问题的综合能力和实践能力。

　　参与本教材编写的老师有常熟理工学院权英、丁建英、陈梦玲、詹月华,长江大学工程技术学院邓仕英。由于编者水平有限,书中难免存在不足及疏漏之处,敬请读者批评指正。

编　者

2016 年 8 月

目　录

基础理论篇

仪器应用篇

综合训练篇

绪　论

第一节　现代仪器分析简介

一、现代仪器分析在分析化学中的地位和作用

分析化学是研究物质的组成、含量、结构和形态等化学信息的分析方法及理论的一门科学。其主要任务是采用各种各样的方法和手段,得到分析数据,鉴定物质体系的化学组成,测定其中有关成分的含量和确定体系中物质的结构和形态,解决关于物质体系构成及其性质的问题。

分析化学按照测定原理可以分为化学分析法和仪器分析法,仪器分析法是以测量物质的物理或物理化学性质为基础的分析方法,通常需要特殊的仪器,故称为仪器分析。分析仪器和仪器分析是人们获取物质成分、结构和状态信息、认识和探索自然规律不可或缺的有力工具。随着科学技术的发展,特别是新的仪器分析方法不断出现,仪器分析作为现代的分析测试手段,在现代的科学研究和实际生产中,日益广泛地为各领域内的科研和生产提供大量的有关物质组成和结构方面的信息。

二、化学分析和仪器分析

化学分析测量的信号,如物质的颜色、状态、质量、体积等都是物质的物理性质。而仪器分析的方法也需要许多化学反应,如光度分析中的显色反应,极谱分析中的电化学反应及大多数仪器分析方法中的试样处理、分离过程中的各种化学反应等,这使得两者间并无严格界线,但是也具有一些明显的差异。仪器分析和化学分析有以下不同点:

（1）仪器分析法一般都有较强的检测能力。绝对检出限可达到飞克数量级（10^{-15} g），相对检出限可达皮克每毫升（pg/mL），用于痕量组分的测定（<0.01%）。化学分析检测能力较差，只能用于常量组分（>1%）及微量组分（0.01%～1%）的分析。

（2）仪器分析法的取样量一般较少。微量分析（0.1～10 mg 或 0.01～1 mL）和超微量分析（<0.1 mg 或<0.01 mL）。化学分析法取样量较大，只能用于常量分析（>0.1 g 或>10 mL）和半微量分析（0.01～0.1 g 或 1～10 mL）。

（3）仪器分析法具有很高的分析效率。例如，流动注射火焰原子吸收法 1 h 可以测定 120 个试样；光电直读光谱法 2 min 内可给出试样中 20～30 种元素的分析结果。化学分析法的分析效率较低。例如，滴定分析法完成一次测定需要数分钟，重量分析法需要数小时。

（4）仪器分析具有更广泛的用途。可用于成分、价态、状态及结构分析，无损分析，表面、微区分析，在线分析和活体分析。化学分析只能用于离线的成分分析。

（5）仪器分析的准确度一般不如化学分析法。仪器分析的相对误差通常为 1%～5%，化学分析的相对误差小于 0.2%。

（6）仪器分析的仪器设备一般比较复杂，价格比较昂贵；化学分析使用的仪器一般都比较简单。

仪器分析方法也有其自身的局限性，除了方法本身的一些原因外，还有一个共同点，就是它们的准确度不够高，相对误差通常在百分之几左右，有的甚至更差。这样的准确度对低含量组分的分析已能完全满足要求，但对常量组分的分析，就不能达到高的准确度。此外，在进行仪器分析之前，时常要用化学方法对试样进行预处理；同时，需要以标准物进行校准，而很多标准物需要用化学分析方法来标定。因此，化学方法和仪器方法是相辅相成的，在使用时应根据具体情况，取长补短，互相配合。

三、仪器分析方法

仪器分析现已发展为一门多学科汇集的综合型应用科学，分类的方法很多，若根据分析的基础原理分类，主要有光学分析法、电化学分析法、色谱分析法。

1. 光学分析法

光学分析是建立在物质与电磁辐射互相作用基础上的一类分析方法，包括原子发射光谱法、原子吸收光谱法、紫外-可见吸收光谱法、红外吸收光谱法、核磁共振波谱法和荧光光谱法。

2. 电化学分析法

电化学分析是建立在溶液电化学基础上的一类分析方法,包括电位分析法、电解和库伦分析法、伏安法以及电导分析法等。

3. 色谱分析法

色谱分析是利用混合物中各组分在互不相溶的两相(固定相和流动相)中吸附能力、分配系数或其他亲和作用的差异而建立的分离、测定方法。包括:气相色谱、高效液相色谱、超临界流体色谱、高效毛细管电泳等。

质谱法是将待测物质置于离子源中被电离后形成带电离子,让离子加速并通过磁场后,离子将按质荷比(m/z)大小而被分离,形成质谱团。依据质谱线的位置和质谱线的相对强度建立的分析方法称为质谱法。质谱法可以单独使用,也可以和其他分析技术联合使用,如常常和气相色谱法或液相色谱法联用。

四、现代仪器联用技术

仪器联用技术的发展已成为当今仪器分析的重要发展方向。多种现代化分析技术的联用、优化组合,使各种仪器的优点得到充分的发挥,缺点得到克服,展现了仪器分析在各领域的巨大生命力。目前,已经实现了电感耦合等离子体-原子发射光谱(ICP - AES)、傅里叶变换-红外光谱(FT - IR)、等离子体-质谱(ICP - MS)、气相色谱-质谱(GC - MS)、液相色谱-质谱(LC - MS)、高效毛细管电泳-质谱(HPCE - MS)、气相色谱-傅里叶变换红外光谱-质谱(GC - FTIR - MS)、流动注射-高效毛细管电泳-化学发光(FI - HPCE - CL)等联用技术。加上现代计算机智能化技术与上述体系的有机融合,实现了人机对话,使仪器分析联用技术得到了快速发展。

第二节　定量分析方法的评价指标

定量分析是仪器分析的主要任务之一。对于一种定量分析方法,一般用精密度、准确度、检出限、灵敏度、标准曲线的线性及线性范围等指标进行评价。

一、标准曲线

1. 标准曲线及其线性范围

标准曲线是被测物质的浓度或含量与仪器响应信号的关系曲线。标准曲线的直线部分所对应的被测物质浓度（或含量）的范围称为该方法的线性范围。选择的分析方法应有较宽的线性范围。

2. 标准曲线的绘制

标准曲线是依据标准系列的浓度（或含量）和其相应的响应信号测量值来绘制。

常用方法：一元线性回归法

$$Y = a + bx$$

式中：b 为回归系数，即回归直线的斜率；a 为截距。

$$b = \frac{\sum_{i=1}^{n}(x_i - \bar{x})(y_i - \bar{y})}{\sum_{i=1}^{n}(x_i - \bar{x})^2}, a = \bar{y} - b\bar{x}$$

式中：$\bar{x} = \dfrac{\sum_{i=1}^{n} x_i}{n}$；$\bar{y} = \dfrac{\sum_{i=1}^{n} y_i}{n}$。

3. 相关系数 r

$$r = \pm \frac{\sum_{i=1}^{n}(x_i - \bar{x})(y_i - \bar{y})}{\left[\sum_{i=1}^{n}(x_i - \bar{x})^2 \sum_{i=1}^{n}(y_i - \bar{y})^2\right]^{1/2}}$$

r 值在 $+1.0000$ 与 -1.0000 之间。

$|r|$ 越接近 1，则 y 与 x 之间的线性关系就越好。

二、灵敏度

灵敏度为物质单位浓度或单位质量的变化引起响应信号值变化的程度，用 S 表示。

$$S = \frac{\mathrm{d}x}{\mathrm{d}c} \quad \text{或} \quad S = \frac{\mathrm{d}x}{\mathrm{d}m}$$

按照国际纯粹与应用化学联合会（IUPAC）的规定，灵敏度是指在浓度线性范围内标准曲线的斜率。斜率越大，方法的灵敏度就越高。但方法的灵敏度通常随实验条件而变化,因此,现在一般不用灵敏度作为方法的评价指标。

三、精密度

精密度是指使用同一方法,对同一试样进行多次测定所得测定结果的一致程度。重复性是指同一分析人员在同一条件下测定结果的精密度。再现性是指不同实验室所得测定结果的精密度。精密度常用测定结果的标准偏差 s 或相对标准偏差 s_r 量度。

1. 标准偏差

$$s = \sqrt{\frac{\sum_{i=1}^{n}(x_i - \overline{x})^2}{n-1}}$$

2. 相对标准偏差

$$s_r = \frac{s}{x} \times 100\%$$

精密度是测量中随机误差的量度。

四、准确度

准确度是指试样含量的测定值与试样含量的真实值相符合的程度。

准确度常用相对误差量度来表示,即相对误差(E_t)。

$$E_t = \frac{x - \mu}{\mu} \times 100\%$$

准确度是分析过程中系统误差和随机误差的综合反映,它决定着分析结果的可靠程度。

五、检出限

检出限是指某一方法在给定的置信水平上可以检出被测物质的最小浓度或最小质量,以浓度表示的称为相对检出限,以质量表示的称为绝对检出限。

检出限表明被测物质的最小浓度或最小质量的响应信号可以与空白信号相区别。

对于光学分析方法,可以与空白信号区别的最小信号(X_L),即

$$X_L = \overline{X_b} + k s_b$$

式中:$\overline{X_b}$ 为空白信号的平均值;s_b 为空白信号的标准偏差;k 为根据一定的置信水平确定的系数,建议取 3。能产生净响应信号为 $X_L - \overline{X_b}$ 的被测物质

的浓度或质量就是对该物质的检出限,用 D 表示。

$$D = \frac{X_L - \overline{X_b}}{S} = \frac{3s_b}{S}$$

其他类型分析方法的检出限可参照光学分析法的规定进行确定。

仪器分析方法的灵敏度越高,精密度越好,检出限就越低。检出限是方法灵敏度和精密度的综合指标,它是评价仪器性能及分析的主要技术指标。

思考题

1. 现代仪器分析法有何特点? 它的测定对象与化学分析方法有何不同?

2. 评价一种仪器分析方法的主要技术指标是什么?

3. 现代仪器分析主要有哪些分析方法? 其在定性和定量分析方面各有何不同?

基 础 理 论 篇

项目1　光分析法导论

第一节　概　述

光学分析法是以物质的光学性质为基础建立的分析方法，是基于能量作用于物质后产生电磁辐射信号，或电磁辐射与物质相互作用后产生辐射信号的变化而建立起来的一大类定性、定量分析方法。它是仪器分析的重要分支。电磁辐射包括从波长极短的 γ 射线到无线电波的所有电磁波谱范围，而不只局限于光学光谱区。电磁辐射与物质的相互作用方式很多，有发射、吸收、反射、折射、散射、干涉、衍射、偏振等，各种相互作用的方式均可建立起对应的分析方法。因此，光学分析法的类型极多，其应用之广为其他类型的分析方法所不能相比的。它在定性分析、定量分析，尤其是化学结构分析等方面起着极其重要的作用。随着科学技术的发展，光学分析法也日新月异，许多新技术、新方法不断涌现。

一、电磁辐射的性质

光是一种电磁辐射，或电磁波，它是一种以极大的速度（在真空中为

2.997 92×10^{10} cm·s^{-1})通过空间,而不需要以任何物质作为传播媒介的能量形式,包括无线电波、微波、红外光、可见光、紫外光以及 X-射线和 γ-射线等。电磁辐射具有波动性和微粒性,称为电磁辐射的波粒二象性。

光的粒子论最早是由牛顿提出来的。而波动论和粒子论的争论一直持续到二十世纪,直到普朗克(Planck)提出量子论才把两者联系起来,并为科学界所共识,即光具有二象性。普朗克认为,被热激发的振动质点的能量是量子化的。当振子从一个被允许的高能级向低能级跃迁时,就有一个光子的能量发射出来,一个光子的能量 E 与辐射频率 ν 的关系为:$E=hc/\lambda=h\nu$,其中,h 为普朗克常量,等于 $6.626×10^{-34}$ J·s,c 为光速,ν 为光的频率。该式表明,光子能量与它的频率成正比,与波长成反比,而与光的强度无关。它统一了属于粒子概念的光子能量 E 与属于波动概念的光频率 ν 两者之间的关系。光子的能量可以用 J(焦耳)或 eV(电子伏——表示一个电子通过电位差为 1 伏特的电场所获得的能量),eV 常用来表示高能量光子的能量单位。能量单位之间的换算见表 1-1。

表 1-1　能量单位换算表

	J	Cal	erg	eV
1 J(焦耳)	1	0.239	10^7	$6.241×10^{18}$
1 Cal(卡)	4.184	1	$4.184×10^7$	$2.612×10^{19}$
1 erg(尔格)	10^{-7}	$2.390×10^{-8}$	1	$6.241×10^{11}$
1 eV(电子伏)	$1.602×10^{-19}$	$3.829×10^{-20}$	$1.602×10^{-12}$	1

二、电磁波谱

将各种电磁辐射按照波长或频率的大小顺序排列所画成的图或表称为电磁波谱。表 1-2 列出了电磁波的有关参数。

表 1-2　电磁波谱的有关参数

E/eV	ν/Hz	λ	电磁波	跃迁类型
$>2.5×10^5$	$>6.0×10^{19}$	<0.005 nm	γ射线区	核能级
$2.5×10^5\sim1.2×10^2$	$6.0×10^{19}\sim3.0×10^{16}$	$0.005\sim10$ nm	X射线区	电子能级
$1.2×10^2\sim6.2$	$3.0×10^{16}\sim1.5×10^{15}$	$10\sim200$ nm	真空紫外光区	电子能级
$6.2\sim3.1$	$1.5×10^{15}\sim7.5×10^{14}$	$200\sim400$ nm	近紫外光区	外层电子能级

E/eV	ν/Hz	λ	电磁波	跃迁类型
3.1～1.6	$7.5 \times 10^{14} \sim 3.8 \times 10^{14}$	400～800 nm	可见光区	外层电子能级
1.6～0.50	$3.8 \times 10^{14} \sim 1.2 \times 10^{14}$	0.8～2.5 μm	近红外光区	分子振动能级
$0.50 \sim 2.5 \times 10^{-2}$	$1.2 \times 10^{14} \sim 6.0 \times 10^{12}$	2.5～50 μm	中红外光区	分子振动能级
$2.5 \times 10^{-2} \sim 1.2 \times 10^{-3}$	$6.0 \times 10^{12} \sim 3.0 \times 10^{9}$	50～1 000 μm	远红外光区	分子转动能级
$1.2 \times 10^{-3} \sim 4.1 \times 10^{-6}$	$3.0 \times 10^{9} \sim 1.0 \times 10^{9}$	1～300 mm	微波区	分子转动能级
$< 4.1 \times 10^{-6}$	$< 1.0 \times 10^{9}$	> 300 mm	无线电波区	电子核的自旋

可见,电磁波谱是一个跨越 10^{15} 波长范围的极宽的波谱带,其中 γ 射线的波长最短(频率最高),能量最大;其后依次是 X 射线区、紫外-可见区和红外光区;无线电波区波长最长(频率最低),能量最小。

物质的各种跃迁类型是与各电磁波谱区域相对应的,因此,可以由公式 $E=h\nu=hc/\lambda$ 计算在各波谱区域产生各类型跃迁所需的能量,反之亦然。例如,使分子或原子中的价电子激发跃迁所需的能量为 1～20 eV,则可以算出该能量范围相应的电磁波的波长为 1 240～62 nm。

$$\lambda_1 = \frac{hc}{E_1} = \frac{6.626 \times 10^{-34} \times 2.998 \times 10^{10}}{1 \times 1.602 \times 10^{-19}} \times 10^7 = 1\ 240 (\text{nm})$$

$$\lambda_2 = \frac{hc}{E_2} = \frac{6.626 \times 10^{-34} \times 2.998 \times 10^{10}}{20 \times 1.602 \times 10^{-19}} \times 10^7 = 62 (\text{nm})$$

由公式可知,波长越长的光所具有的能量越小,波长越短的光具有的能量越大。

三、分子运动及其能级跃迁

物质总是在不断地运动着,而构成物质的分子及原子具有一定的运动方式。通常认为分子内部运动方式有三种,即分子内电子相对原子核的运动(称为电子运动);分子内原子在其平衡位置上的振动(称为分子振动);以及分子本身绕其重心的转动(称为分子转动)。分子以不同的方式运动时所具有的能量也不相同,这样分子内就对应三种不同的能级,即电子能级、振动能级和转动能级。图 1-1 是双原子分子能级分布示意图。

由图 1-1 可知,在同一电子能级中因分子的振动能量不同,分为几个振动能级。而在同一振动能级中,也因为转动能量不同,又分为几个转动能级。因此,每种分子运动的能量都是不连续的,即量子化的。也就是说,每种分子运动所吸收(或发射)的能量必须等于其能级差的特定值(光能量 $h\nu$ 的整数倍),否则它就不吸收(或发射)能量。

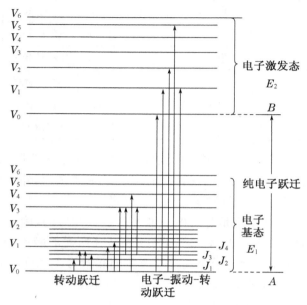

图 1-1 双原子分子的三种能级跃迁示意图

通常化合物的分子处于稳定的基态,当它受到光照射时,则根据分子吸收光能的大小,引起分子转动、振动或电子跃迁,同时产生三种吸收光谱。分子由一个能级 E_1 跃迁到另一个能级 E_2 时的能量变化 ΔE 为两个能级之差,即:

$$\Delta E = E_2 - E_1 = h\nu/\lambda$$

四、分子吸收光谱的产生

一个分子的内能 E 是它的转动能 $E_转$、振动能 $E_振$ 和电子能 $E_{电子}$ 之和,即:

$$E = E_转 + E_振 + E_{电子}$$

分子跃迁的总能量变化为:

$$\Delta E = \Delta E_转 + \Delta E_振 + \Delta E_{电子}$$

由图 1-1 可知,转动能级间隔 $\Delta E_转$ 最小,一般小于 0.05 eV,因此,分子转动能级产生的转动光谱处于红外区和微波区。

由于振动能级的间隔 $\Delta E_振$ 比转动能级间隔大得多,一般为 0.05~1 eV,

因此,分子振动所需能量较大,其能级跃迁产生的振动光谱处于近红外区和中红外区。

由于分子中原子价电子的跃迁所需的能量 $\Delta E_{电子}$ 比分子振动所需的能量大得多,一般为 $1\sim20$ eV,因此,分子中电子跃迁产生的电子光谱处于紫外和可见光区。

由于 $\Delta E_{电子}>\Delta E_{振}>\Delta E_{转}$,因此,在振动能级跃迁时也伴有转动能级跃迁;在电子能级跃迁时,同时伴有振动能级和转动能级的跃迁。所以分子光谱是由密集谱线组成的"带"光谱,而不是"线"光谱。

综上所述,由于各种分子运动所处的能级和产生能级跃迁时能量变化都是量子化的,因此,在分子运动产生能级跃迁时,只能吸收分子运动相对应的特定频率(或波长)的光能。而不同物质分子内部结构不同,分子的能级也是千差万别,各种能级之间也互不相同,这样就决定了它们对不同波长光的选择性吸收。

五、光的吸收、发射

1. 吸收

当原子、分子或离子吸收光子的能量与它们的基态能量和激发态能量之差满足 $\Delta E=h\nu$ 时,将从基态跃迁至激发态,此过程称为吸收。若将测得的吸收强度对入射光的波长或波数作图,得到该物质的吸收光谱。对吸收光谱的研究可以确定试样的组成、含量以及结构。根据吸收光谱原理建立的分析方法称为吸收光谱法。

2. 发射

当物质吸收能量后从基态跃迁至激发态,激发态是不稳定的,大约经 10^{-8} s 后将从激发态跃迁回基态,此时若以光的形式释发出能量,此过程称为发射。试样的激发有通过电子碰撞引起的电激发、电弧或火焰的热激发以及用适当波长的光激发等。

第二节　光学分析法的分类

光学分析法的分类可以用图 $1-2$ 表示。

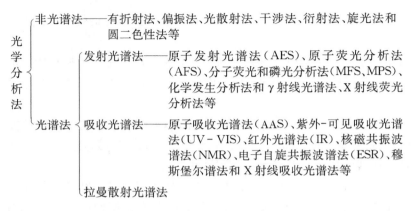

图 1-2 光分析法分类

一、非光谱法

非光谱法是基于辐射与物质相互作用时，测量辐射的某些性质，如折射、散射、干涉、衍射和偏振等变化的分析方法。非光谱法不涉及物质内部能量的跃迁，不测定光谱，电磁辐射只改变了传播方向、速度或某些物理性质。属于这类分析方法的有折射法、偏振法、光散射法（比浊法）、干涉法、衍射法、旋光法和圆二色性法等。

二、光谱法

光谱法是基于辐射能与物质相互作用时，测量由物质内部发生量子化的能级之间的跃迁而产生的发射、吸收或散射辐射的波长和强度而进行分析的方法。

光谱法依据辐射作用的物质对象不同，一般分为原子光谱和分子光谱两大类。原子光谱是由于原子外层或内层电子能级的跃迁所产生的光谱，它的表现形式为线状光谱。属于这类分析方法的有原子发射光谱（AES）、原子吸收光谱（AAS）、原子荧光光谱（AFS）及 X 射线荧光光谱（XFS）等方法。分子光谱是由于分子中电子能级、振动和转动能级的跃迁所产生的光谱，其表现形式为带状光谱。属于这类分析法的有紫外-可见分光光度法（UV-VIS）、红外光谱法（IR）、分子荧光和磷光光谱法（MFS、MPS）等方法。此外，基于核自旋及电子自旋能级的跃迁而对射频辐射的吸收所产生的核磁共振和电子自旋共振波谱法，也归属于分子光谱。

光谱法依据于物质与辐射相互作用的性质，一般分为发射光谱法、吸收光谱法、拉曼散射光谱法三种类型。

1. 发射光谱法

物质通过电致激发、热致激发或光致激发等过程获取能量，变成激发态的原子或分子 M*，激发态的原子或分子是极不稳定的，它们可能以不同形式释放出能量从激发态跃迁至基态或低能态，如果这种跃迁是以辐射形式释放多余的能量就产生了发射光谱。

$$M^* \longrightarrow M + h\nu$$

通过测量物质发射光谱的波长和强度来进行定性、定量分析的方法叫做发射光谱法。依据光谱区域和激发方式不同，发射光谱有 γ 射线光谱法、X 射线荧光分析法、原子发射光谱分析法、原子荧光分析法、分子荧光分析法、分子磷光分析法、化学发光分析法。

2. 吸收光谱法

当物质所吸收的电磁辐射能与该物质的原子核、原子或分子的两个能级间跃迁所需的能量满足 $\Delta E = h\nu$ 的关系时，将产生吸收光谱。

$$M + h\nu \longrightarrow M^*$$

通过测量物质对辐射吸收的波长和强度进行分析的方法叫做吸收光谱法。穆斯堡尔(Mössbauer)谱法、紫外-可见分光光度法、原子吸收光谱法、顺磁共振波谱法、核磁共振波谱法、Raman 散射等均属于吸收光谱法。

思考题

1. 何谓光的二象性？何谓电磁波谱？

2. 请按照能量递增和波长递增的顺序，分别排列下列电磁辐射区：红外线，无线电波，可见光，紫外光，X 射线，微波。

3. 可见区、紫外区、红外光区、无线电波四个电磁波区域中，能量最大和最小的区域分别为　　　　　　　　　　　　　　　　　　　　（　）

    A. 紫外区和无线电波区　　　　B. 可见光区和无线电波区

    C. 紫外区和红外区　　　　　　D. 波数越大

4. 有机化合物成键电子的能级间隔越小，受激跃迁时吸收电磁辐射的

                                           （　）

    A. 能量越大　　　　　　　　　B. 频率越高

    C. 波长越长　　　　　　　　　D. 波数越大

项目 2 紫外-可见分光光度法

主要内容

  1. 光的主要分类方法、基本性质。

  2. 分子光谱的产生机理、分类。

  3. 可见分光光度法的定性分析、定量分析及其应用。

重点与难点

  1. 紫外-可见吸收光谱的定量分析方法。

  2. 有机化合物分子的电子跃迁,紫外-可见吸收光谱的产生、应用。

任务要求

  苯甲酸,俗称安息香酸,是食品卫生标准允许使用的主要防腐剂之一。在我国,苯甲酸及其钠盐常用于酱菜类、罐头类和一些饮料类等食品。苯甲酸及其钠盐的过量摄入会对人体产生很大危害,所以检测食品中苯甲酸及其钠盐的含量,对保障人们身体健康有着重要意义。如何对食品中的苯甲酸含量进行测定?

第一节 概 述

  分子吸收分光光度法主要包括可见吸收分光光度法、紫外吸收分光光度法和红外吸收分光光度法。紫外-可见分光光度法是利用物质对紫外-可见光的吸收特征和吸收强度,对物质进行定性和定量分析的一种仪器分析方法。该方法具有较高的灵敏度和准确度,仪器设备简单,操作方便,在食品、化工、医药、冶金、环境监测等领域广泛应用。

  根据电磁波谱,紫外-可见光区的波长范围是 10～800 nm,紫外-可见分光光度法主要是利用 200～400 nm 的近紫外光区和 400～800 nm 的可见光区的辐射进行测定。200 nm 以下远紫外光辐射会被空气强烈吸收,一般不易利用。

一、光与物质的作用

  1. 单色光和复合光

单色光,即单一频率(或波长)的光。由红到紫的七色光中的每种色光并非真正意义上的单色光,它们都有相当宽的频率(或波长)范围,如波长为 $0.77\sim0.622~\mu m$ 范围内的光都称为红光,而氦氖激光器辐射的光波单色性最好,波长为 $0.6328~\mu m$,可认为是一种单色光。由几种单色光合成的光叫做复色光,又称"复合光"。包含多种频率的光比较多见,例如太阳光、弧光等。一般的光源是由不同波长的单色光所混合而成的复色光,自然界中的太阳光及人工制造的日光灯等所发出的光都是复合光。

人的眼睛对不同波长的光的感觉是不一样的。凡是能被肉眼感觉到的光称为可见光,其波长范围为 $400\sim780~nm$。凡波长小于 $400~nm$ 的紫外光或波长大于 $780~nm$ 的红外光均不能被人的眼睛感觉出,所以这些波长范围的光是看不到的。在可见光的范围内,不同波长的光刺激眼睛后会产生不同颜色的感受,但由于受到人的视觉分辨能力的限制,实际上是一个波段的光给人引起一种颜色的感觉。表 1-3 列出了各种色光的近似波长范围。

表 1-3 各种色光的波长

颜色	波长(nm)	频率(MHz)	颜色	波长(nm)	频率(MHz)
红色	约 625~740	约 480~405	青色	约 485~500	约 620~600
橙色	约 590~625	约 510~480	蓝色	约 440~485	约 680~620
黄色	约 565~570	约 530~510	紫色	约 380~440	约 790~680
绿色	约 500~565	约 600~530			

日常见到的日光、白炽灯光等白光就是由这些波长不同的有色光混合而成的。这可以用一束白光通过棱镜后色散为红、橙、黄、绿、青、蓝、紫等七色光来证实。

2. 互补色光

如果某两种相对应颜色的光按一定比例混合,可以成为白光,那么这两种色光就称为互补色光。图 1-3 中两两相对的颜色即为互补色光,如黄光和蓝光。

图 1-3 互补色光示意图

3. 物质的颜色与吸收光的关系

当一束白光作用于某一物质时,如果该物质对可见光各波段的光全部吸收,物质呈黑色;如果该物质对可见光区各波段的光都不吸收,即入射光全部透过,则物质呈透明无色;若物质吸收了某一波长的光,而让其余波段的光全部透过,物质则呈吸收光的互补色光的颜色。例如,当一束白光通过 $KMnO_4$ 溶液呈现紫红色。同样道理,K_2CrO_4 溶液对可见光中的蓝色光有最大吸收,所以溶液呈现蓝色的互补光——黄色。可见物质的颜色是基于物质对光有选择性吸收的结果,而物质呈现的颜色则是被物质吸收光的互补色。

以上是用溶液对色光的选择性吸收说明溶液的颜色。若要更精确地说明物质具有选择性吸收不同波长范围光的性质,则必须用光吸收曲线来描述。

4. 物质的吸收光谱曲线

吸收光谱曲线是通过实验获得的。具体方法是:将不同波长的光一次通过某一固定浓度和厚度的有色溶液,分别测出它们对各种波长光的吸收程度(用吸光度 A 表示),以波长为横坐标,以吸光度为纵坐标作图,画出曲线,此曲线即称为该物质的光吸收曲线(或吸收光谱曲线),它描述了物质对不同波长光的吸收程度。图 1-4 所示的是不同浓度的 $KMnO_4$ 溶液的光吸收曲线。

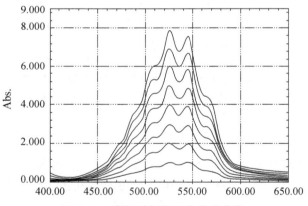

图 1-4　高锰酸钾的吸收光谱曲线

(1)同一物质对不同波长的光的吸收程度是不同的,如高锰酸钾溶液对波长为 525 nm 的绿色光吸收最多,在吸收曲线上有一高峰(称为吸收峰)。光吸收程度最大处的波长称为最大吸收波长(常以 λ_{max} 表示)。在进行光度测定时,通常都是选取在 λ_{max} 的波长处来测量,因为这时可得到最大的灵敏度。

(2)不同浓度的同一物质,其吸收曲线的形状相似,最大吸收波长也一样。不同的是吸收峰峰高随浓度的增加而增高。

（3）不同物质的吸收曲线，其形状和最大吸收波长都各不相同。因此，可利用吸收曲线来作为物质定性分析的依据。

第二节　光吸收基本定律（定量分析基础）

一、朗伯-比尔定律

当一束平行的单色光垂直照射到一定浓度的均匀透明溶液时，入射光被溶液吸收的程度与溶液厚度的关系为：

$$\lg \frac{\phi_0}{\phi_{tr}} = kb$$

式中：ϕ_0 为入射光通量；ϕ_{tr} 为通过溶液后的透射光通量；b 为溶液液层厚度，或称光程长度；k 为比例常数，它与入射光波长、溶液性质、浓度和温度有关。这就是朗伯定律。

ϕ_{tr}/ϕ_0 表示溶液对光的投射程度，称为透射比，用符号 T 表示。透射比愈大，说明透过的光愈多。而 ϕ_0/ϕ_{tr} 是透射比的倒数，它表示入射光 ϕ_0 一定时，透射光通量愈小，即 $\lg \frac{\phi_0}{\phi_{tr}}$ 愈大，光吸收愈多。所以 $\lg \frac{\phi_0}{\phi_{tr}}$ 表示了单色光通过溶液时被吸收的程度，通常被称为吸光度，用 A 表示，即：

$$A = \lg \frac{\phi_0}{\phi_{tr}} = \lg \frac{1}{T} = -\lg T$$

当一束平行单色光垂直照射到同种物质不同浓度、相同液层厚度的均匀透明溶液时，入射光通量与溶液浓度关系为：

$$\lg \frac{\phi_0}{\phi_{tr}} = \kappa' c$$

式中：κ' 为另一比例常数，它与入射光的波长、液层厚度、溶液的性质和溶液的温度等因素有关；c 为溶液浓度。这就是比尔定律。比尔定律表明：当溶液液层厚度和入射光通量一定时，光吸收的程度与溶液浓度成正比。必须指出的是：比尔定律只能在一定浓度范围才适用。因为浓度过低或过高时，溶质会发生电离或聚合，从而产生误差。

当溶液厚度和浓度都可以改变时，这时就要考虑两者同时对透射光通量的影响，则有：

$$A=\lg\frac{\phi_0}{\phi_{tr}}=\lg\frac{1}{T}=Kbc$$

式中:K 为比例常数,与入射光的波长、物质的性质和溶液的温度等因素有关。这就是朗伯-比尔定律,即光吸收定律。它是紫外-可见分光光度法进行定量分析的理论基础。

光吸收定律表明:当一束平行单色光垂直入射通过均匀、透明的吸光物质的稀溶液时,溶液对光的吸收程度与溶液的浓度及液层厚度的乘积成正比。

朗伯-比尔定律适用的条件:一是必须使用单色光;二是吸收发生在均匀的介质中;三是吸收过程中,吸收物质互相不发生作用。

二、吸光系数

式 $A=Kbc$ 中比例常数 K 称为吸光系数,其物理意义是:单位浓度的溶液液层厚度为 1 cm 时,在一定波长下测得的吸光度。K 值的大小取决于吸光物质的性质、入射光波长、溶液温度和溶剂性质等,与溶液浓度大小和液层厚度无关。但 K 值大小因溶液浓度所采用的单位的不同而异。

1. 摩尔吸光系数 ε

当溶液的浓度以物质的量浓度(mol/L)表示,液层厚度以厘米(cm)表示时,相应的比例常数 K 称为摩尔吸光系数。以 ε 表示,其单位为 L/(mol·cm)。这样,式 $A=Kbc$ 可以改写成:

$$A=\varepsilon bc$$

摩尔吸光系数的物理意义是:浓度为 1 mol/L 的溶液,于厚度为 1 cm 的吸收池中,在一定波长下测得的吸光度。

摩尔吸光系数是吸光物质的重要参数之一,它表示物质对某一特定波长光的吸收能力。ε 愈大,表示该物质对某波长光的吸收能力愈强,测定的灵敏度也就愈高。因此,测定时,为了提高分析的灵敏度,通常选择摩尔吸光系数大的有色化合物进行测定,选择具有最大 ε 值的波长作入射光。一般认为 $\varepsilon<1\times10^4$ L/(mol·cm)时灵敏度较低;ε 在 $1\times10^4\sim6\times10^4$ L/(mol·cm)时属于中等灵敏度;$\varepsilon>6\times10^4$ L/(mol·cm)时属高灵敏度。

摩尔吸光系数由实验测得。在实际测量中,不能直接取 1 mol/L 这样高浓度的溶液去测量摩尔吸光系数,只能在稀溶液中测量后,换算成摩尔吸光系数。

【例】 用邻菲罗啉显色测定铁,已知试液中的铁(Fe^{2+})含量为 50 $\mu g/100$ mL,吸收池厚度为 1 cm,在波长 510 nm 处测得吸光度 $A=0.099$,

计算邻菲罗啉-亚铁配合物的摩尔吸光系数。

解：已知铁原子的摩尔质量为 55.85 g/mol。

溶液中铁的摩尔浓度为：

$$c_{Fe}=\frac{5\times10^{-5}}{55.85}\times\frac{1000}{100}=8.9\times10^{-6}(mol/L)$$

邻菲罗啉与铁 1∶1 配合，故邻菲罗啉-亚铁的浓度等于亚铁的浓度，即 c(邻菲罗啉-亚铁)$=8.9\times10^{-6}(mol/L)$。

由朗伯-比尔定律，得：

$$\varepsilon=\frac{A}{c\cdot b}=\frac{0.099}{8.9\times10^{-6}\times1}=1.1\times10^{4}(L/mol\cdot cm)$$

2. 质量吸光系数

质量吸光系数适用于摩尔质量未知的化合物。若溶液浓度以质量浓度 $\rho(g/L)$ 表示，液层厚度以厘米（cm）表示，相应的吸光度则为质量吸光，以 a 表示，其单位为 L/(g·cm)。

这样，式 $A=Kbc$ 可表示为：

$$A=ab\rho$$

三、吸光度的加和性

在多组分的体系中，在某一波长下，如果各种对光有吸收的物质之间没有相互作用，则体系在该波长的总吸光度等于各组分吸光度的和，即吸光度具有加和性，称为吸光度加和性原理。可表示如下：

$$A_{总}=A_1+A_2+\cdots+A_n=\sum A_n$$

式中，各吸光度的下标表示组分 $1,2,\cdots,n$。

吸光度的加和性对多组分同时定量测定、校正干扰等方面都极为有用。

四、引起偏离朗伯-比尔定律的主要因素

根据朗伯-比尔定律，在理论上，吸光度 A 对溶液浓度 c 作图应是一条通过原点的直线，称为"标准曲线"。但事实上往往容易发生偏离直线的现象而引起误差，尤其是在高浓度时。导致偏离朗伯-比尔定律的因素主要有以下几方面。

1. 入射光非单色性引起偏离

吸收定律成立的前提是入射光是单色光。但实际上，一般单色器所提供的入射光并非是纯单色光，而是由波长范围较窄的光带组成的复合光。物质

对不同波长的光吸收程度不同(即吸光系数不同),因而导致了对吸光定律的偏离。入射光中不同波长的摩尔吸光系数差别愈大,偏离吸收定律就愈严重。实验证明,只要所选的入射光,其所含的波长范围在被测溶液的吸收曲线较平坦的部分,偏离程度就较小。

2. 溶液的化学因素引起偏离

溶液中的吸光物质因离解、缔合,形成新的化合物而改变了吸光物质的浓度,导致偏离吸收定律。因此,测量前的化学预处理工作十分重要,如控制好显色反应条件,控制溶液的化学平衡等,防止产生偏离。

3. 比尔定律的局限性引起偏离

严格说,比尔定律是一个有限定律,它只适用于浓度小于 0.01 mol/L 的稀溶液。因为浓度高时,吸光粒子间平均距离减小,以至每个粒子都会影响其邻近粒子的电荷分布。这种相互作用使它们的摩尔吸光系数 ε 发生改变,因而导致偏离比尔定律。为此,在实际工作中,待测溶液的浓度应控制在 0.01 mol/L 以下。

第三节　紫外-可见吸收光谱与分子结构的关系(定性分析基础)

一、概述

紫外-可见吸收光谱是由分子中价电子能级跃迁产生的,它可用来对在紫外-可见光区内有吸收的物质进行鉴定和结构分析,这种鉴定和结构分析由于紫外-可见吸收光谱较简单,特征性不强,因此,必须与其他方法(如红外光谱、核磁共振波谱和质谱等)配合使用,才能得出可靠的结论,但它还是能提供分子中具有助色团、生色团和共轭程度的一些信息,这些信息对于有机化合物的结构推断往往是很重要的。

二、紫外-可见吸收光谱法的基本原理

1. 有机化合物紫外吸收光谱的产生

紫外吸收光谱是由化合物分子中三种不同类型的价电子,在各种不同能级上跃迁产生的。这三种不同类型的价电子是:形成单键的 σ 电子、形成双键的 π 电子和氧、氮、硫、卤素等含未成键的 n 电子。这三类电子都可能吸收一定的能量跃迁到能级较高的反键轨道上去,见图 1-5。

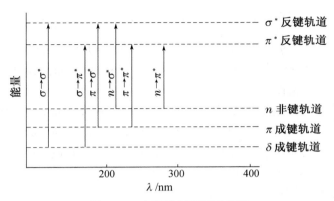

图 1-5 电子能级跃迁示意图

(1) $\sigma \rightarrow \sigma^*$ 跃迁。其跃迁的能量差大,所以所需的能量最高,吸收峰一般在远紫外区($\lambda < 150$ nm),饱和烃只有 σ、σ^* 轨道,只能产生 $\sigma \rightarrow \sigma^*$ 跃迁。例如,甲烷吸收峰在 125 nm,乙烷吸收峰在 135 nm(< 150 nm)。

(2) $\pi \rightarrow \pi^*$ 跃迁。$\pi \rightarrow \pi^*$ 跃迁能量差较小,所以所需的能量较低,吸收峰一般在紫外区($\lambda = 200$ nm 左右)。不饱和烃类分子中有 π 电子,也有 π^* 轨道,能产生 $\pi \rightarrow \pi^*$ 跃迁。如 $CH_2 = CH_2$,吸收峰在 165 nm。此类跃迁吸收系数 ε 大,吸收强度大,属于强吸收。

(3) $n \rightarrow \sigma^*$ 跃迁。$n \rightarrow \sigma^*$ 跃迁能量较低,吸收峰在紫外区($\lambda = 200$ nm 左右,与 $\pi \rightarrow \pi^*$ 接近),含有杂原子的基团,如—OH、—NH_2、—X、—S 等的有机物分子中除能产生 $\sigma \rightarrow \sigma^*$ 跃迁外,同时能产生 $n \rightarrow \sigma^*$ 跃迁。例如,三甲基胺 $(CH_3)_3N$ 的 $n \rightarrow \sigma^*$ 吸收峰在 227 nm,ε 约为 900 L·mol^{-1}·cm^{-1},属于中强吸收。

(4) $n \rightarrow \pi^*$ 跃迁

$n \rightarrow \pi^*$ 跃迁能量低,吸收峰在近紫外、可见光区($\lambda = 200 \sim 700$ nm),含有杂原子的不饱和基团,如—C=O、—C≡N 等可发生此类跃迁。例如,丙酮的 $n \rightarrow \pi^*$ 跃迁 λ_{max} 在 280 nm 左右(同时也可产生 $\pi \rightarrow \pi^*$ 跃迁),属于弱吸收,$\varepsilon <$ 500 L·mol^{-1}·cm^{-1}。

各种跃迁所需能量大小次序为:$\sigma \rightarrow \sigma^* > n \rightarrow \sigma^* > \pi \rightarrow \pi^* > n \rightarrow \pi^*$。

紫外-可见吸收光谱法在有机化合物中应用主要以 $\pi \rightarrow \pi^*$、$n \rightarrow \pi^*$ 为基础。

2. 紫外吸收光谱常用术语

(1) 生色团和助色团

生色团是指在 $200 \sim 1\ 000$ nm 波长范围内产生特征吸收带的具有一个或

多个不饱和键和未共用电子对的基团。如 $\diagdown C{=}C{=}$、$\diagdown C{=}O$、$-N{=}N-$、$-C{\equiv}N$、$-C{\equiv}C-$、$-COOH$、$-N{=}O$ 等。如果两个生色团相邻,形成共轭基,则原来各自的吸收带将消失,并在较长的波长处产生强度比原吸收带强的新吸收带。

助色团是一些含有未共用电子对的氧原子、氮原子或卤素原子的基团。如$-OH$、$-OR$、$-NH_2$、$-NHR$、$-SH$、$-Cl$、$-Br$、$-I$ 等。助色团不会使物质具有颜色,但引进这些基团能增加生色团的生色能力,使其吸收波长向长波方向移动,并增加了吸收强度。

（2）红移和蓝移

由于取代基或溶剂的影响造成有机化合物结构的变化,使吸收峰向长波方向移动的现象称为吸收峰"红移"。由于取代基或溶液的影响造成有机化合物结构的变化,使吸收峰向短波方向移动的现象称为吸收峰"蓝移"。

（3）增色效应和减色效应

由于有机化合物的结构变化使吸收峰摩尔吸光系数增加的现象称为增色效应。由于有机化合物的结构变化使吸收峰摩尔吸光系数减小的现象称为减色效应。

（4）溶剂效应

由于溶剂的极性不同引起某些化合物的吸收峰的波长、强度及形状产生变化,这种现象称为溶剂效应。例如异丙基丙酮$[H_2C(CH_3)-C{=}CHCO-CH_3]$分子中有 $\pi{\rightarrow}\pi^*$ 和 $n{\rightarrow}\pi^*$ 跃迁,当用非极性溶剂正己烷时,$\pi{\rightarrow}\pi^*$ 跃迁的 $\lambda_{max}=230$ nm,而用水作溶剂时,$\lambda_{max}=243$ nm,可见在极性溶剂中 $\pi{\rightarrow}\pi^*$ 跃迁产生的吸收带红移了。而 $n{\rightarrow}\pi^*$ 跃迁产生的吸收峰却恰恰相反,以正己烷作溶剂时,$\lambda_{max}=329$ nm,而用水作溶剂时,$\lambda_{max}=305$ nm,吸收峰产生蓝移。

又如苯在非极性溶剂庚烷中（或气态存在）时,在 $230\sim270$ nm 处,有一系列中等强度吸收峰并有精细结构（见图 $1-6$）,但在极性溶

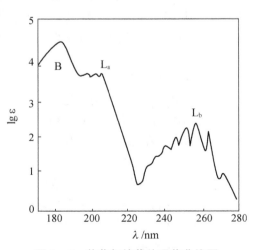

图 1-6 苯蒸气的紫外吸收曲线图

剂中,精细结构变得不明显或全部消失呈现一宽峰。

(5) 吸收带的类型

吸收带是指吸收峰在紫外光谱中的谱带的位置。化合物的结构不同,跃迁的类型不同,吸收带的位置、形状、强度均不相同。根据电子及分子轨道的种类吸收带可分为以下四种类型:

① R 吸收带。R 吸收带由德文 Radikal(基团)而得名。它是由 $n \rightarrow \pi^*$ 跃迁产生的。特点是强度弱($\varepsilon < 100$),吸收波长较长(> 270 nm)。例如 $CH_2 = CH - CHO$ 的 $\lambda_{max} = 315$ nm($\varepsilon = 14$)的吸收带为 $n \rightarrow \pi^*$ 跃迁产生,属 R 吸收带。R 吸收带随溶剂极性增加而蓝移。

② K 吸收带。K 吸收带由德文 Konjugation(共轭作用)得名。它是由 $\pi \rightarrow \pi^*$ 跃迁产生的。其特点是强度高($\varepsilon > 10^4$),吸收波长比 R 吸收带短(217~280 nm),并且随共轭双键数的增加,产生红移和增色效应。共轭烯烃和取代的芳香化合物可以产生这类谱带。例如:

$$CH_2 = CH - CH = CH_2 \quad \lambda_{max} = 217 \text{ nm}(\varepsilon = 10\ 000),属 K 吸收带$$

③ B 吸收带。B 吸收带由德文 Benzenoid(苯的)得名。它是由苯环振动和 $\pi \rightarrow \pi^*$ 跃迁重叠引起的芳香族化合物的特征吸收带。其特点是:在 230~270 nm($\varepsilon = 200$)谱带上出现苯的精细结构吸收峰(见图 1-6),可用于辨识芳香族化合物。当在极性溶剂中测定时,B 吸收带会出现一宽峰,产生红移,当苯环上氢被取代后,苯的精细结构也会消失,并发生红移和增色效应。

④ E 吸收带。E 吸收带由德文 Kthylenicband(乙烯型)而得名。它属于 $\pi \rightarrow \pi^*$ 跃迁,也是芳香族化合物的特征吸收带。苯的 E 带分为 E_1 带和 E_2 带。E_1 带 $\lambda_{max} = 184$ nm($\varepsilon = 60\ 000$),E_2 带 $\lambda_{max} = 204$ nm($\varepsilon = 7\ 900$)。当苯环上的氢被助色团取代时,E_2 带红移,一般在 210 nm 左右;当苯环上氢被生色团取代,并与苯环共轭时,E_2 带和 K 带合并,吸收峰红移。例如乙酰苯可产生 K 吸收带($\pi \rightarrow \pi^*$),其 $\lambda_{max} = 240$ nm。此时 B 吸收带($\pi \rightarrow \pi^*$)也发生红移($\lambda_{max} = 278$ nm)。可见 K 吸收带与苯的 E 带相比,显著红移,这是由于苯乙酮中羰基与苯环形成共轭体系的缘故。

三、影响紫外-可见吸收光谱的因素

1. 共轭效应

分子中的共轭体系由于大 π 键的形成,使各能级间能量差减小,跃迁所需要的能量降低,使吸收峰向长波方向移动,吸收强度随之加强。

2. 助色效应

当助色团与生色团相连时,由于助色团的 n 电子与生色团的 π 电子共轭,结果使吸收峰向长波方向移动,吸收强度随之加强。

3. 溶剂效应

溶剂的极性强弱会影响紫外-可见吸收光谱的吸收峰波长、吸收强度及形状。例如,异亚丙基丙酮会随着溶剂极性的增大,其 $n \to \pi^*$ 跃迁产生的吸收峰会发生蓝移,而 $\pi \to \pi^*$ 的吸收峰会发生红移。因此,测定时应注明所使用的溶剂,所选用的溶剂应在样品的吸收光谱区内无明显吸收。

四、紫外-可见吸收光谱的应用

1. 定性鉴定

(1)未知试样的定性鉴定

紫外-可见吸收光谱定性分析一般采用比较光谱法。所谓比较光谱法是将经提纯的样品和标准物用相同溶剂配成溶液,并在相同条件下绘制吸收光谱曲线,比较其吸收光谱是否一致。如果紫外光谱曲线完全相同(包括曲线形状、λ_{max}、λ_{min},吸收峰数目、拐点及 ε_{max} 等),则可初步认为是同一种化合物。为了进一步确认可更换一种溶剂重新测定后再作比较。

如果没有标准物,则可借助各种有机化合物的紫外-可见标准谱图及有关电子光谱的文献资料进行比较。最常用的谱图资料是萨特勒标准谱图及手册,它由美国费城 Sadtler 研究实验室编辑出版。萨特勒谱图集收集了 46 000 种化合物的紫外光谱图,并附有五种索引,便于查找。使用与标准谱图比较的方法时,要求仪器准确度、精密度更高,操作时测定条件要完全与文献规定的条件相同,否则可靠性较差。

紫外-可见吸收光谱只能表现化合物生色团、助色团和分子母核,而不能表达整个分子的特征,因此,只靠紫外吸收光谱曲线来对未知物进行定性是不可靠的,还要参照一些经验规则以及其他方法(如红外光谱法、核磁共振波谱、质谱,以及化合物某些物理常数等)配合来确定。

此外,对于一些不饱和有机化合物也可采用一些经验规则,如伍德沃德(Woodward)规则、斯科特(Scott)规则,通过计算其最大吸收波长与实测值比较后,进行初步定性鉴定(具体规定和计算方法可查分析化学手册)。

(2)推测化合物的分子结构

紫外-可见吸收光谱在研究化合物结构中的主要作用是推测官能团、结构中的共轭关系和共轭体系中取代基的位置、种类和数目。

① 推定化合物的共轭体系、部分骨架

先将样品尽可能提纯，然后绘制紫外吸收光谱。由所测出的光谱特征，根据一般规律对化合物作初步判断。如果样品在 200～400 nm 无吸收（ε<10），则说明该化合物可能是直链烷烃或环烷烃及脂肪族饱和胺、醇、醚、腈、羧酸或烷基氟，不含共轭体系，没有醛基、酮基、溴或碘。

如果在 210～250 nm 有强吸收带，表明含有共轭双键。若 ε 值在 $1×10^4$～$2×10^4$ L/(mol·cm) 之间，说明为二烯或不饱和酮；若在 260～350 nm 有强吸收带，可能有 3～5 个共轭单位。

如果在 250～300 nm 有弱吸收带，ε＝10～100 L/(mol·cm)，则含有羰基；在此区域内若有中强吸收带，表示具有苯的特征，可能有苯环。

如果化合物有许多吸收峰，甚至延伸到可见光区，则可能为一长链共轭化合物或多环芳烃。

按以上规律进行初步推断后，能缩小该化合物的归属范围，然后再按前面介绍的对比法作进一步确认。当然还需要其他方法配合才能得出可靠结论。

② 区分化合物的构型

例如肉桂酸有下面两种构型：顺式和反式。它们的波长吸收强度不同，由于反式构型没有立体障碍，偶极矩大，而顺式构型有立体障碍。因此，反式的吸收波长和强度都比顺式的大。

③ 互变异构体的鉴别

紫外-可见吸收光谱除应用于推测所含官能团外，还可对某些同分异构体进行判别。例如异丙亚乙基丙酮有两个异构体，经紫外光谱法测定，其中的一个化合物在 235 nm（ε＝12 000）有吸收带，而另一个在 220 nm 以上没有强吸收带，所以可以肯定，在 235 nm 有吸收带的应具有共轭体系的结构。

（3）化合物纯度的检测

紫外-可见吸收光谱能检查化合物中是否含具有紫外吸收的杂质，如果化合物在紫外光区没有明显的吸收峰，而它所含的杂质在紫外光区有较强的吸收峰，就可以检测出该化合物所含的杂质。例如要检查乙醇中的杂质苯，由于苯在 256 nm 处有吸收，而乙醇在此波长下无吸收，因此可利用此特征检定乙醇中杂质苯。又如要检查四氯化碳中有无 CS_2 杂质，只要观察在 318 nm 处有无 CS_2 的吸收峰就可以确定。另外还可以用吸光系数来检查物质的纯度。一般认为，当试样测出的摩尔吸光系数比标准样品测出的摩尔吸光系数小时，其纯度不如标样。相差越大，试样纯度越低。例如菲的氯仿溶液，在 296 nm 处有强吸收（lgε＝4.10），用某方法精制的菲测得 ε 值比标准菲低 10%，说明实际含量只有 90％，其余很可能是蒽醌等杂质。

2. 定量分析

紫外-可见分光光度定量分析的方法参见本章第二节，这里不再重复。值得提出的是，在进行紫外定量分析时应选择好测定波长和溶剂。通常情况下一般选择 λ_{max} 作测定波长，若在 λ_{max} 处共存的其他物质也有吸收，则应另选 ε 较大，而共存物质没有吸收的波长作测定波长。选择溶剂时要注意所用溶剂在测定波长处应没有明显的吸收，而且对被测物溶解性要好，不与被测物发生作用，不含干扰测定的物质。

任务分析与解决

1. 任务分析

由于苯甲酸钠在 $200 \sim 350$ nm 有吸收，因此可利用紫外-可见分光光度法测定食品中的苯甲酸的含量。

2. 任务解决

（1）仪器与试剂

TU - 1901 或 UV - 1 700 紫外-可见分光光度计；10 mL 比色皿 2 个；1 000 mL 容量瓶 1 个；10 mL 容量瓶若干。0.1 mol/L NaOH 溶液；6.0×10^{-3} mol/L 标准苯甲酸钠溶液；去离子水；市售可乐和雪碧。

（2）实验步骤

① 移取 6.0×10^{-3} mol/L 标准苯甲酸钠溶液 1.0 mL 于 10.0 mL 容量瓶中，加入 0.6 mL 0.1mol/L NaOH 溶液，用去离子水定容，摇匀，以空白试剂为参比，在 $200 \sim 350$ nm 范围内绘制吸收曲线，确定最大吸收波长 λ_{max}。

② 分别移取 0.0 mL、0.5 mL、1.0 mL、1.5 mL、2.0 mL、2.5 mL、3.0 mL、3.5 mL 苯甲酸钠标准溶液于 8 个 10 mL 容量瓶中，各加入 0.6 mL 0.1 mol/L NaOH 溶液，用去离子水定容至刻度。以空白试剂为参比，在波长 λ_{max} 处测定吸光度。

③ 分别以取 0.50 mL 可乐和雪碧于 2 个 10 mL 容量瓶中，用超声波脱气 5 min 以驱赶二氧化碳，加入 0.6 mL 0.1 mol/L NaOH 溶液，用去离子水定容至刻度。以空白试剂为参比，在波长 λ_{max} 处测定吸光度。

④ 数据处理：将步骤②测定的结果填在表中，并绘制 $A - c$ 标准曲线。

苯甲酸钠标准系列溶液及吸光度

编号	1	2	3	4	5	6	7	8
$c(\text{mol/L})$								
A								

根据样品测定的吸光度 A 值,利用标准曲线分别求出可乐和雪碧中苯甲酸钠的含量。

思考题

1. 在波长 440 nm 处,用 2 cm 吸收池测得 5.00×10^{-4} mol/L CoX-2 配离子溶液的吸光度为 0.750,试计算:

(1) 该配离子在 440 nm 波长处的摩尔吸光系数;

(2) 在 440 nm 波长处,用 1 cm 吸收池测定 4.00×10^{-4} mol/L CoX-2 溶液,则吸光度为多少?

2. 在一些含有 $C=O$ 、$—N=N$ 等基团的分子中,由 $n \rightarrow \pi^*$ 跃迁产生的吸收带称为　　　　　　　　　　　　　　　　　　　（　　）

　　A. K 吸收带　　　　　　　　B. E 吸收带

　　C. B 吸收带　　　　　　　　D. R 吸收带

3. 丙酮在乙烷中的紫外吸收 $\lambda_{\max} = 279$ nm,$\varepsilon_{\max} = 14.8$,该吸收峰是哪种跃迁引起的?

　　A. $n \rightarrow \pi^*$　　　　　　　　B. $\pi \rightarrow \pi^*$

　　C. $n \rightarrow \sigma^*$　　　　　　　　D. $\sigma \rightarrow \sigma^*$

　　E. $\pi \rightarrow \sigma^*$

4. 某化合物分子式为 C_5H_8O,在紫外光谱上有两个吸收带:$\lambda_{\max} = 224$ nm 时,$\varepsilon_{\max} = 9\,750$;$\lambda_{\max} = 314$ nm 时,$\varepsilon_{\max} = 38$。以下可能的结构是（　　）

　　A. $CH_3CH=CHCOCH_3$　　　　B. $CH_3CH=CHCH_2CHO$

　　C. $CH_2=CHCH_2CH_2CHO$　　　D. $CH\equiv CCH_2CH_2CH_2OH$

5. 亚异丙基丙酮有两种异构体:$CH_3—C(CH_3)=CH—CO—CH_3$ 和 $CH_2=C(CH_3)—CH_2—CO—CH_3$,它们的紫外吸收光谱为:① 最大吸收波长在 235 nm 处,$\varepsilon_{\max} = 12\,000$ L·mol^{-1}·cm^{-1};② 220 nm 以后没有强吸收。如何根据这两个光谱来判断上述异构体? 试说明理由。

6. 在有机化合物的鉴定及结构推测上,紫外吸收光谱所提供的信息具有什么特点?

7. 什么是复合光和单色光? 光谱分析中如何获得单色光?

8. 光的吸收定律是什么? 其数学表达式是什么?

项目3　红外吸收光谱法

主要内容

1. 有机物红外光谱的产生原理及红外光谱图。

2. 红外光谱法鉴定结构的原理和实验方法。

重点和难点

1. 红外吸收光谱的基本原理。

2. 红外光谱谱图与分子结构的关系。

任务要求

牛乳含有丰富的营养成分,是人们日常饮食的必需品。牛乳中主要营养成分的检测对保障消费者健康,尤其是婴幼儿的身体发育至关重要。如何对牛乳中的脂肪、蛋白质、乳糖、总固体进行快速测定?

第一节　概　　述

一、红外吸收光谱的划分

红外光谱在可见光区和微波光区之间,其波数范围约为 12 800～10 cm^{-1}（0.75～1 000 μm）。根据仪器及应用不同,习惯上又将红外光区分为三个区:近红外光区、中红外光区、远红外光区。每一个光区的大致范围及主要应用如表 1-4 所示。在红外吸收光谱中,习惯上以微米（μm）为波长单位,以波数 $\sigma(cm^{-1})$ 来表示频率。

表 1-4　红外光谱区的划分及主要应用

范围	波长范围 $\lambda/\mu m$	波数范围 σ/cm^{-1}	测定类型	分析类型	试样类型
近红外	0.78～2.5	12 800～4 000	漫反射吸收	定量分析定量分析	蛋白质、水分、淀粉、油、类脂、农产品中的纤维素等气体混合物

（续表）

范围	波长范围 $\lambda/\mu m$	波数范围 σ/cm^{-1}	测定类型	分析类型	试样类型
中红外	2.5～50	4 000～200	吸收 反射 发射	定性分析 定量分析 与色谱联用 定性分析	纯气体，液体或固体物质 复杂的气体，液体或固体混合物 复杂的气体，液体或固体混合物 纯固体或液体混合物 大气试样
远红外	50～1 000	200～10	吸收	定性分析	纯无机或金属有机化合物

绝大多数有机化合物和无机离子的基频吸收带出现在中红外光区。由于基频振动是红外光谱中吸收最强的振动，所以该区最适于进行定性分析。在20世纪80年代以后，随着红外光谱仪由光栅色散转变成干涉分光以来，明显地改善了红外光谱仪的信噪比和检测限，使中红外光谱的测定由基于吸收对有机物及生物物质的定性分析及结构分析，逐渐开始通过吸收和发射中红外光谱对复杂试样进行定量分析。随着傅里叶变换技术的出现，该光谱区的应用也开始用于表面的显微分析，通过衰减全发射、漫反射以及光声测定法等对固体试样进行分析。由于中红外吸收光谱（mid-infrared absorption spectrum，IR），特别是在 4 000～670 cm^{-1}（2.5～15 μm）范围内，最为成熟、简单，而且目前已积累了该区大量的数据资料，因此它是红外光区应用最为广泛的光谱方法，通常简称为红外吸收光谱法。本章重点学习中红外吸收光谱法。

二、红外吸收光谱法的特点

紫外-可见吸收光谱常用于研究不饱和有机化合物，特别是具有共轭体系的有机化合物，而红外吸收光谱法主要研究在振动中伴随有偶极矩变化的化合物（没有偶极矩变化的振动在拉曼光谱中出现）。因此，除了单原子和同核分子如 Ne、He、O_2 和 H_2 等之外，几乎所有的有机化合物在红外光区均有吸收。除光学异构体，某些高相对分子质量的高聚物以及在相对分子质量上只有微小差异的化合物外，凡是具有结构不同的两个化合物，一定不会有相同的红外光谱。通常，红外吸收带的波长位置与吸收谱带的强度，反映了分子结构上的特点，可以用来鉴定未知物的结构组成或确定其化学基团。而吸收谱带的吸收强度与分子组成或其化学基团的含量有关，可用来进行定量分析和纯度鉴定。

由于红外光谱分析特征性强。对气体、液体、固体试样都可测定,并具有用量少,分析速度快,不破坏试样的特点,因此,红外光谱法不仅与其他许多分析方法一样,能进行定性和定量分析,而且还是鉴定化合物和测定分子结构中最有用的方法之一。

第二节 红外吸收光谱的基本原理

红外吸收光谱是由分子振动能级的跃迁,同时伴随着转动能级跃迁而产生的,因此红外吸收光谱的吸收峰是有一定宽度的吸收带。物质吸收红外光应满足两个条件,即辐射应具有刚好能满足物质振动能级跃迁时所需的能量;辐射与物质之间有耦合作用。因此,当一定频率的红外光照射分子时,如果分子中某个基团的振动频率与其一致,同时分子在振动中伴随有偶极矩变化,这时物质分子就产生红外吸收。除了对称分子外,几乎所有具有不同结构的化合物都有不同的红外吸收光谱,谱图中的吸收峰与分子中各基团的振动特性相对应,所以红外吸收光谱是确定化学基团、鉴定未知物结构的最重要的工具之一。

红外吸收光谱图与紫外吸收曲线比较具有以下特点:第一,峰出现的频率范围低,横坐标一般用微米(μm)或波数(cm^{-1})表示;第二,吸收峰数目多,图形复杂;第三,吸收强度低。吸收峰出现的频率位置是由振动能级差决定的,吸收峰的个数与分子振动自由度的数目有关,而吸收峰的强度则主要取决于振动过程中偶极矩的变化以及能级的跃迁概率。

一、双原子分子的振动

将双原子看成质量为 m_1 与 m_2 的两个小球,把连接它们的化学键看作质量可以忽略的弹簧,那么原子在平衡位置附近的伸缩振动,可以近似看成一个简谐振动,如图 1 - 7 所示。在通常情况下,分子大都处于基态振动,一般极性分子吸收红外光主要属于基态($\nu = 0$)到第一激发态($\nu = 1$)之间的跃迁,即 $\Delta\nu = 1$。

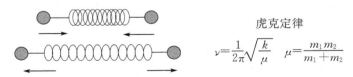

虎克定律

$$\nu = \frac{1}{2\pi}\sqrt{\frac{k}{\mu}} \quad \mu = \frac{m_1 m_2}{m_1 + m_2}$$

图 1 - 7 双原子分子的简谐振动

非极性的同核双原子分子在振动过程中,偶极矩不发生变化,$\Delta\nu=0$,$\Delta E_{振}=0$,故无振动吸收,为非红外活性。

$$E=h\nu=\Delta E=h\nu_{m}=\frac{h}{2\pi}\sqrt{\frac{k}{\mu}}$$

$$\sigma=\frac{1}{2\pi c}\sqrt{\frac{k}{\mu}}$$

$$\sigma(cm^{-1})=1307\sqrt{\frac{k}{\mu}}$$

根据红外光谱的测量数据,可以测量各种类型的化学键力常数 k。一般来说,单键键力常数的平均值约为 5 N·cm^{-1},而双键和叁键的键力常数分别大约是此值的二倍和三倍。相反,利用这些实验得到的键力常数的平均值,可以估算各种键型的基频吸收峰的波数。例如:H—Cl 的 k 为 5.1 N·cm^{-1}。根据公式计算其基频吸收峰频率应为 2 993 cm^{-1},而红外光谱实测值为 2 885.9 cm^{-1}。

化学键力常数 k 越大,原子折合质量 μ 越小,则化学键的振动频率越高,吸收峰将出现在高波数区;相反,则出现在低波数区。例如,≡C—C≡、=C=C=、—C≡C—,这三种碳-碳键的原子质量相同,但键力常数的大小顺序是:叁键>双键>单键,所以在红外光谱中,吸收峰出现的位置不同:C≡C(约 2 222 cm^{-1})>C=C(约 1 667 cm^{-1})>C—C(约 1 429 cm^{-1})。又如,C—C、C—N、C—O 键力常数相近,原子折合质量不同,其大小顺序为 C—C< C—N<C—O,故这三种键的基频振动峰分别出现在 1 430 cm^{-1}、1 330 cm^{-1}和 1 280 cm^{-1}左右。

二、多原子分子的振动

对多原子分子来说,由于组成原子数目增多,加之分子中原子排布情况的不同,即组成分子的键或基团和空间结构的不同,其振动光谱远比双原子复杂得多。

多原子分子的振动,不仅包括双原子分子沿其核-核的伸缩振动,还有键角参入的各种可能的变形振动。因此,一般将振动形式分为两类:伸缩振动和变形振动。

伸缩振动是指原子沿着价键方向来回运动,即振动时键长发生变化,键角不变。如图 1-8 所示,当两个相同原子和一个中心原子相连时(如亚甲基—CH$_2$—),其伸缩振动有两种方式。如果两个相同(H)原子同时沿键轴离开中心(C)原子,则称为对称伸缩振动,用符号 v_s 表示。如果一个(H$_\mathrm{I}$)原子移向中心(C)原子,而另一个(H$_\mathrm{II}$)原子离开中心(C)原子,则称为反对称伸缩振动,用符号 v_{as} 表示。对同一基团来说,反对称伸缩振动频率要稍高于伸缩振动频率。

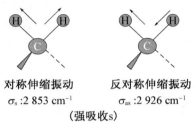

对称伸缩振动　　　反对称伸缩振动
σ_s :2 853 cm^{-1}　　σ_{as} :2 926 cm^{-1}
(强吸收 s)

图 1-8　亚甲基的伸缩振动

　　变形振动又称变角振动、弯曲振动。它是指基团键角发生周期变化而键长不变的振动。变形振动又分为面内变形和面外变形振动两种。面内变形振动又分为剪式振动(以 δ_s 表示)和平面摇摆振动(以 ρ 表示)。面外变形振动又分为非平面摇摆(以 ω 表示)和扭曲振动(以 τ 表示)。亚甲基(—CH$_2$)的各种振动形式如图 1-9 所示。由于变形振动的力常数比伸缩振动小,因此,同一基团的变形振动都在其伸缩振动的低频端出现。变形振动对环境变化较为敏感。通常由于环境结构的改变,同一振动可以在较宽的波段范围内出现。

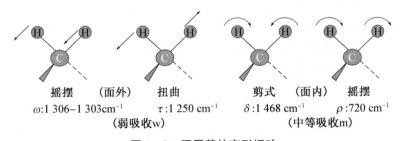

摇摆　　(面外)　　扭曲　　　　剪式　　(面内)　　摇摆
ω :1 306-1 303 cm^{-1}　　τ :1 250 cm^{-1}　　δ :1 468 cm^{-1}　　ρ :720 cm^{-1}
(弱吸收 w)　　　　　　　　　　　(中等吸收 m)

图 1-9　亚甲基的变形振动

三、影响吸收峰强度的因素

　　在红外光谱中,一般按摩尔吸收系数 ε 的大小来划分吸收峰的强弱等级,其具体划分如下:

$\varepsilon > 100$ L・cm^{-1}・mol^{-1}　　非常强峰(vs)

20 L・cm^{-1}・mol$^{-1} < \varepsilon < 100$ L・cm^{-1}・mol^{-1}　　强峰(s)

$10 \text{ L} \cdot \text{cm}^{-1} \cdot \text{mol}^{-1} < \varepsilon < 20 \text{ L} \cdot \text{cm}^{-1} \cdot \text{mol}^{-1}$ 中强峰（m）

$1 \text{ L} \cdot \text{cm}^{-1} \cdot \text{mol}^{-1} < \varepsilon < 10 \text{ L} \cdot \text{cm}^{-1} \cdot \text{mol}^{-1}$ 弱峰（w）

振动能级的跃迁概率和振动过程中偶极矩的变化是影响谱峰强弱的两个主要因素。从基态向第一激发态跃迁时，跃迁概率大，因此，基频吸收带一般较强。从基态向第二激发态的跃迁，虽然偶极矩的变化较大，但能级的跃迁概率小，因此，相应的倍频吸收带较弱。应该指出，基频振动过程中偶极矩的变化越大，其对应的峰强度也越大。很明显，如果化学键两端连接的原子的电负性相差越大，或分子的对称性越差，伸缩振动时，其偶极矩的变化越大，产生的吸收峰也越强。例如，$v_{C=O}$ 的强度大于 $v_{C=C}$ 的强度。一般来说，反对称伸缩振动的强度大于对称伸缩振动的强度，伸缩振动的强度大于变形振动的强度。

第三节　基团频率和特征吸收峰

物质的红外光谱，是其分子结构的反映，谱图中的吸收峰，与分子中各基团的振动形式相对应。多原子分子的红外光谱与其结构的关系，一般是通过实验手段得到的。就是通过比较大量已知化合物的红外光谱，从中总结出各种基团的吸收规律来。实验表明，组成分子的各种基团，如 O—H、N—H、C—H、C＝C、C≡C、C＝O 等，都有自己特定的红外吸收区域，分子其他部分对其吸收位置影响较小。通常把这种能代表基团存在，并有较高强度的吸收谱带称为基团频率，其所在的位置一般又称为特征吸收峰。同一类型化学键的基团在不同化合物的红外光谱中吸收峰位置大致相同，这一特性提供了鉴定各种基团是否存在的判断依据，从而成为红外光谱定性分析的基础。按吸收的特征，可将红外光谱划分为官能团区和指纹区。

一、官能团区和指纹区

红外光谱的整个范围可分成 $4\,000 \sim 1\,300 \text{ cm}^{-1}$ 与 $1\,300 \sim 600 \text{ cm}^{-1}$ 两个区域。

$4\,000 \sim 1\,300 \text{ cm}^{-1}$ 区域的峰是由伸缩振动产生的吸收带。由于基团的特征吸收峰一般位于高频范围，并且在该区域内，吸收峰比较稀疏，因此，它是基团鉴定工作最有价值的区域，称为官能团区。$1\,300 \sim 600 \text{ cm}^{-1}$ 区域中，除单键的伸缩振动外，还有因变形振动产生的复杂光谱。当分子结构稍有不同时，该区的吸收就有细微的差异。这种情况就像每个人都有不同的指纹一样，因而称为指纹区。指纹区对于区别结构类似的化合物很有帮助。

官能团区分为四个波段。

(1) 4 000～2 200 cm^{-1},这个区域是 X—H 伸缩振动区(X 可以为 C、N、O、S 等原子)。在该区域产生红外吸收说明存在含氢原子的官能团。

(2) 2 500～2 000 cm^{-1},这是叁键和累积双键的伸缩振动区,主要包括 C≡C、C=C=O、C≡N、C=C=C 等的伸缩振动。

(3) 2 000～1 500 cm^{-1},该区域为双键伸缩振动区。这一区域出现红外吸收,说明有含双键的化合物存在。

(4) 1 500～1 300 cm^{-1},该区域主要为 C—H 弯曲振动。

指纹区可分为两个波段:

(1) 1 300～900 cm^{-1} 这一区域包括 C—O、C—N、C—F、C—P、C—S、P—O、Si—O 等键的伸缩振动和 C=S、S=O、P=O 等双键的伸缩振动吸收。

(2) 900～600 cm^{-1} 这一区域的吸收峰是很有用的。例如,可以指示 $-$$\{CH_2$$\}$$_n$ 的存在。实验证明,当 $n \geqslant 4$ 时,—CH$_2$— 的平面摇摆振动吸收出现在 722 cm^{-1};随着 n 的减小,逐渐移向高波数。此区域内的吸收峰,还可以鉴别烯烃的取代程度和提供构型信息。例如,烯烃为 RCH=CH$_2$ 结构时,在 990 cm^{-1} 和 910 cm^{-1} 出现两个强峰;为 RC=CRH 结构时,其顺、反异构分别在 690 cm^{-1} 和 970 cm^{-1} 出现吸收。此外,利用本区域中苯环的 C—H 面外变形振动吸收峰和 2 000～1 667 cm^{-1} 区域苯的倍频或组合频吸收峰,可以共同配合来确定苯环的取代类型。

从官能团区可找出该化合物存在的官能团,而指纹区的吸收则适宜于用来与标准谱图或已知物谱图进行比较,从而得出未知物与已知物结构相同或不同的确切结论。

二、主要基团的特征吸收峰

在红外光谱中,每种红外活性的振动都相应产生一个吸收峰,所以情况十分复杂。例如,基团除在 3 700～3 600 cm^{-1} 有 O—H 的伸缩振动吸收外,还应在 1 450～1 300 cm^{-1} 和 1 160～1 000 cm^{-1} 分别有 O—H 的面内变形振动和 C—O 的伸缩振动。后面的这两个峰的出现,能进一步证明其存在。因此,用红外光谱来确定化合物是否存在某种官能团时,首先应该注意官能团的特征峰是否存在,同时也应找到它们的相关峰作为旁证。

三、影响基团频率的因素

尽管基团频率主要由其原子的质量及原子的力常数决定,但分子内部结

构和外部环境的改变都会使其频率发生改变,因而使得许多具有同样基团的化合物在红外光谱图中出现在一个较大的频率范围内。为此,了解影响基团振动频率的因素,对于解析红外光谱和推断分子的结构是非常有用的。影响基团频率的因素可分为内部及外部两类。

1. 内部因素

(1) 电子效应

① 诱导效应(I 效应)

由于取代基具有不同的电负性,通过静电诱导效应,引起分子中电子分布的变化,改变了键的力常数,使键或基团的特征频率发生位移。例如,当有电负性较强的元素与羰基上的碳原子相连时,由于诱导效应,就会发生氧上的电子转移,导致 C=O 键的力常数变大,因而使得吸收向高波数方向移动。元素的电负性越强,诱导效应越强,吸收峰向高波数移动的程度就越显著,如表 1-5 所示。

表 1-5 元素的电负性对 $\nu_{C=O}$ 的影响

R—CO—X	X=R'	X=H	X=Cl	X=F	R=F,X=F
$\nu_{C=O}/cm^{-1}$	1 715	1 730	1 800	1 920	1 928

② 中介效应(M 效应)

在化合物中,C=O 伸缩振动产生的吸收峰在 1 680 cm^{-1} 附近。若以电负性来衡量诱导效应,则比碳原子电负性大的氮原子应使 C=O 键的力常数增加,吸收峰应大于酮羰基的频率(1 715 cm^{-1})。但实际情况正好相反,所以,仅用诱导效应不能解释造成上述频率降低的原因。事实上,在酰胺分子,除了氮原子的诱导效应外,还同时存在中介效应 M,即氮原子的孤对电子与 C=O 上 π 电子发生重叠,使它们的电子云密度平均化,造成 C=O 键的力常数下降,使吸收频率向低波数侧位移。当 I>M 时,振动频率向高波数移动;反之,振动频率向低波数移动。

③ 共轭效应(C 效应)

共轭效应使共轭体系具有共面性,且使其电子云密度平均化,造成双键略有伸长,单键略有缩短,因此,双键的吸收频率向低波数方向位移。例如 R—CO—CH₂—的 $\nu_{C=O}$ 出现在 1 715 cm^{-1},而 CH=CH—CO—CH₂—的 $\nu_{C=O}$ 则出现在 1 685~1 665 cm^{-1}。

(2) 氢键的影响

分子中的一个质子给予体 X—H 和一个质子接受体 Y 形成氢键 X—H⋯Y,

使氢原子周围力场发生变化,从而使 X—H 振动的力常数和其相连的 H…Y 的力常数均发生变化,这样造成 X—H 的伸缩振动频率往低波数侧移动,吸收强度增大,谱带变宽。此外,对质子接受体也有一定的影响。若羰基是质子接受体,则 $\nu_{C=O}$ 也向低波数移动。以羧酸为例,当用其气体或非极性溶剂的极稀溶液测定时,可以在 1 760 cm^{-1} 处看到游离 C=O 伸缩振动的吸收峰;若测定液态或固态的羧酸,则只在 1 710 cm^{-1} 出现一个缔合的 C=O 伸缩振动吸收峰,这说明分子以二聚体的形式存在。氢键可分为分子间氢键和分子内氢键。

(3) 振动偶合

振动偶合是指当两个化学键振动的频率相等或相近并具有一公共原子时,由于一个键的振动通过公共原子使另一个键的长度发生改变,产生一个"微扰",从而形成了强烈的相互作用,这种相互作用的结果,使振动频率发生变化,一个向高频移动,一个向低频移动。振动偶合常常出现在一些二羰基化合物中。例如,在酸酐中,由于两个羰基的振动偶合,使 $\nu_{C=O}$ 的吸收峰分裂成两个峰,分别出现在 1 820 cm^{-1} 和 1 760 cm^{-1}。

(4) 费米(Fermi)振动

当弱的倍频(或组合频)峰位于某强的基频吸收峰附近时,它们的吸收峰强度常常随之增加,或发生谱峰分裂。这种倍频(或组合频)与基频之间的振动偶合,称为费米振动。例如,在正丁基乙烯基醚(C_4H_9—O—C=CH$_2$)中,烯基 $\omega_{=CH}$ 为 810 cm^{-1} 的倍频(约在 1 600 cm^{-1})与烯基的 $\nu_{C=C}$ 发生费米共振,结果在 1 640 cm^{-1} 和 1 613 cm^{-1} 出现两个强的谱带。

2. 外部因素

外部因素主要指测定物质的状态以及溶剂效应等因素。

同一物质在不同状态时,由于分子间相互作用力不同,所得光谱也往往不同。分子在气态时,其相互作用很弱,此时可以观察到伴随振动光谱的转动精细结构。液态和固态分子间的作用力较强,在有极性基团存在时,可能发生分子间的缔合或形成氢键,导致特征吸收带频率、强度和形状有较大改变。例如,丙酮在气态的 $\nu_{C=O}$ 为 1 742 cm^{-1},而在液态时为 1 718 cm^{-1}。

在溶液中测定光谱时,由于溶剂的种类、溶液的浓度和测定时的温度不同,同一物质所测得的光谱也不相同。通常在极性溶剂中,溶质分子的极性基团的伸缩振动频率随溶剂极性的增加而向低波数方向移动,并且强度增大。因此,在红外光谱测定中,应尽量采用非极性溶剂。

第四节　红外吸收光谱法的应用

红外光谱在化学领域中的应用是多方面的。它不仅用于结构的基础研究，如确定分子的空间构型，求出化学键的力常数、键长和键角等，而且广泛地用于化合物的定性、定量分析和化学反应的机理研究等。但是红外光谱应用最广的还是未知化合物的结构鉴定。

一、定性分析

1. 已知物及其纯度的定性鉴定

此项工作比较简单。通常在得到试样的红外谱图后，与纯物质的谱图进行对照，如果两张谱图各吸收峰的位置和形状完全相同，峰的相对强度一样，就可认为试样是该种已知物。相反，如果两谱图面貌不一样，或者峰位不对，则说明两者不为同一物，或试样中含有杂质。

2. 未知物结构的确定

确定未知物的结构，是红外光谱法定性分析的一个重要用途。它涉及到图谱的解析，下面简单予以介绍。

（1）收集试样的有关资料和数据

在解析图谱前，必须对试样有透彻的了解，例如试样的纯度、外观、来源、试样的元素分析结果及其他物性（相对分子质量、沸点、熔点等）。这样可以大大节省解析图谱的时间。

（2）确定未知物的不饱和度

根据试样的元素分析值及相对分子质量得出分子式，可以计算不饱和度，从而估计分子中是否有双键、叁键及芳香环，同时可验证光谱解析结果的合理性。不饱和度表示有机分子中碳原子的饱和程度。计算不饱和度的经验公式为：$\Omega = 1 + n_4 + 1/2(n_3 - n_1)$，式中，$n_1$、$n_3$ 和 n_4 分别为一价、三价和四价原子的数目。通常规定双键和饱和环状结构的不饱和度为 1，叁键、两个双键、一个双键和一个环、两个环的不饱和度为 2，苯环的不饱和度为 4。

（3）图谱解析

一般来说，首先在"官能团区"（4 000～1 300 cm^{-1}）搜寻官能团的特征伸缩振动，再根据"指纹区"的吸收情况，进一步确认该基团的存在以及与其他基团的结合方式。例如，当试样光谱在 1 720 cm^{-1} 附近出现强的吸收时，显然表示羰基官能团(C=O)的存在。羰基的存在可以认为是由下面任何一类化合物引起的:酮、醛、酯、内酯、酸酐、羧酸等。为了区分这些类别,应找出其相关峰作为佐证。若化合物是一个醛,就应该在 2 700 cm^{-1} 和 2 800 cm^{-1} 出现两个特征性很强的 ν_{C-H} 吸收带;酯应在 1 200 cm^{-1} 出现酯的特征带 ν_{C-O};内酯在羰基伸缩区出现复杂带型,通常是双键;在酸酐分子中,由于两个羰基振动的偶合,在 1 860~1 800 cm^{-1} 和 1 800~1 750 cm^{-1} 区出现两个吸收峰;羧酸在 3 000 cm^{-1} 附近出现宽 ν_{O-H} 的吸收带;在以上都不适合的情况下,化合物便是酮。此外,应继续寻找吸收峰,以便发现它邻近的连接情况。

3. 几种标准图谱集

进行定性分析时,对于能获得相应纯品的化合物,一般通过图谱对照即可。对于没有已知纯品的化合物,则需要与标准图谱进行对照。应该注意的是测定未知物所使用的仪器类型及制样方法等应与标准图谱一致。最常见的标准图谱有如下几种:

(1) 萨特勒(Sadtler)标准红外光谱集

它是由美国 Sadtler research laborationies 编辑出版的。"萨特勒"收集的图谱最多,至 1974 年为止,已收集 47 000 张(棱镜)图谱。另外,它有各种索引,使用甚为方便。从 1980 年开始可以获得萨特勒图谱集的软件资料。现在已超过 130 000 张图谱。它们包括 9 200 张气态光谱图,59 000 张纯化合物凝聚相光谱和 53 000 张产品的光谱,如单体、聚合物、表面活性剂、黏结剂、无机化合物、塑料、药物等。

(2) 分子光谱文献"DMS"(documentation of molecular spectroscopy)穿孔卡片

它由英国和西德联合编制。卡片有三种类型:桃红卡片为有机化合物,淡蓝色卡片为无机化合物,淡黄色卡片为文献卡片。卡片正面是化合物的许多重要数据,反面则是红外光谱图。

(3) "API"红外光谱资料

它由美国石油研究所(API)编制。该图谱集主要是烃类化合物的光谱。由于它收集的图谱较单一,数目不多(至 1971 年共收集图谱 3 604 张),又配有专门的索引,故查阅也很方便。

事实上,现在许多红外光谱仪都配有计算机检索系统,可从储存的红外光谱数据中鉴定未知化合物。

二、定量分析

由于红外光谱的谱带较多,选择余地大,所以能较方便地对单组分或多组分进行定量分析。用色散型红外分光光度计进行定量分析时,灵敏度较低,尚不适于微量组分的测定。而用傅里叶变换红外光谱仪进行定量分析测定,精密度和准确度明显地优于色散型光谱仪。红外光谱法定量分析的依据与紫外、可见分子光谱法一样,也是基于朗伯-比尔定律。但由于红外吸收谱带较窄,外加上色散型仪器光源强度较低,以及因检测器的灵敏度低,需宽的单色器狭缝宽度,造成使用的带宽常常与吸收峰的宽度在同一个数量级,从而出现吸收光度与浓度间的非线性关系,即偏离朗伯-比尔定律。

红外光谱法能定量测定气体、液体和固体试样。表 1-6 列出了用非色散型仪器定量测定大气中各种化学物质的一组数据。在测定固体试样时,常常遇到光程长度不能准确测量的问题,因此在红外光谱定量分析中,除采用紫外-可见光谱法中常采用的方法外,还采用其他一些定量分析方法。

表 1-6 用非色散型仪器定量测定大气中各种化学物质

化合物	允许的量/$\mu g \cdot mL^{-1}$	$\lambda/\mu m$	最低检测浓度/$\mu g \cdot mL^{-1}$
二硫化碳	4	4.54	0.5
氯丁二烯	10	11.4	4
乙硼烷	0.1	3.9	0.05
1,2-乙二胺	10	13.0	0.4
氰化氢	4.7	3.04	0.4
甲硫醇	0.5	3.38	0.4
硝基苯	1	11.8	0.2
吡啶	5	14.2	0.2
二氧化硫	2	8.6	0.5
氯乙烯	1	10.9	0.3

任务分析与解决

1. 任务分析

均质牛乳中甘油酯的羰基在 5.7 μm 处(脂肪 A)、碳氢基在 3.5 μm 处(脂肪 B)红外吸收测定脂肪;肽键的胺基在 6.5 μm 处红外吸收测定蛋白质;乳糖的羟基在 9.6 μm 处红外吸收测定乳糖。以上 3 个测定值加 0.7%维生素及无机盐在牛乳红外光谱仪内计算总固体含量。因此可采用红外光谱法进行分析测定。

2. 任务解决

(1) 样品采集:样品从采集到测定,常温下放置时间不应超过 2 h,2 ℃～6 ℃条件下放置不应超过 72 h。如超过上述时间,需加入防腐剂。

(2) 分析步骤:使用恒温水浴锅,使试样测试前预热至(40±1)℃。且上下颠倒 9 次,水平振摇 6 次;按牛乳红外光谱仪操作说明书的规定进行测定。

(3) 结果表述:结果精确至小数点后 2 位,单位为质量分数(%)。

注:重复性条件下获得的 2 次独立测试结果的绝对差值不大于 0.06%;再现性条件下测定值(不包括离群值)标准差不大于 0.045%。

思考题

1. 红外光谱是如何产生的?红外光谱区波段是如何划分的?

2. 产生红外吸收的条件是什么?是否所有的分子振动都会产生红外吸收?为什么?

3. 多原子分子的振动形式有哪几种?

4. 红外光谱区中官能团区和指纹区是如何划分的,有何实际意义?

5. 红外光谱定性分析的基本依据是什么?简要叙述红外定性分析的过程。

6. 某化合物在 3 640～1 740 cm^{-1} 区间,IR 光谱如下图所示,该化合物应是氯苯(Ⅰ)、苯(Ⅱ)或 4-叔丁基甲苯(Ⅲ)中的哪一个?说明理由。

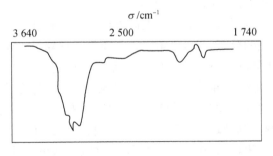

项目4　原子吸收分光光度法

主要内容

　　1. 原子光谱分析的特点和主要分类方法。

　　2. 空心阴极灯的工作原理及测定条件的选择。

　　3. 提高原子化效率的方法；样品处理的常用技术和方法等。

重点及难点

　　1. 原子吸收光谱的产生过程、特点及其测定原理和注意事项。

　　2. 原子吸收的定量分析方法及提高准确度的方法。

任务要求

　　工业废水中含有多种对人体有害的重金属元素，如果这些废水不经处理随意排放，这些有害重金属会污染土壤和河流，进而在农副产品中富集，危害人体健康。如何对这些有害重金属进行定量分析呢？

第一节　概述

　　原子吸收光谱法是根据基团原子对特征波长光的吸收进而测定实样中待测元素含量的分析方法，简称原子吸收分析法。

　　1895年基尔霍夫成功地解释了太阳光谱中暗线产生的原因，并且应用于太阳外围大气组成的分析。1955年澳大利亚物理学家A. Walsh发表了论文"原子吸收光谱在化学分析中的应用"，这篇论文奠定了原子吸收光谱分析的理论基础，二十世纪五十年代末和六十年代初，市场上出现了供分析用的商品原子吸收分光光度计。1961年苏联的E. BJIbob提出电热原子化吸收分析提高了原子吸收分析的灵敏度。1965年威尼斯将氧化亚氮-乙炔火焰成功地应用于火焰原子吸收法，大大扩大了火焰原子化吸收法的应用范围。自六十年代后期开始"间接"原子吸收光谱法的开发，使得原子吸收光谱法不仅可测金属元素还可测一些非金属元素（如卤素、硫、磷）和一些有机化合物（如维生素 B_{12}、葡萄糖、核糖核酸、酶等），为原子吸收光谱法开辟了广泛的应用领域。

第二节　原子吸收分光光度法基本原理

一、原子吸收光谱分析过程

原子吸收光谱分析过程如图 1－10 所示。试液喷射成细雾与燃气、助燃气混合后进入燃烧的火焰中,被测元素在火焰中转化为原子蒸气。气态的基态原子吸收从光源发射出的与被测元素吸收波长相同的特征谱线,使该谱线的强度减弱。再经分光系统分光后,由检测器接收。产生的电信号,经放大器放大,由显示系统显示吸光度或光谱图。

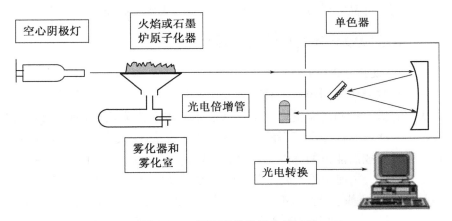

图 1－10　原子吸收光谱分析过程

原子吸收光谱法与紫外吸收光谱法都是基于物质对紫外和可见光的吸收而建立起来的分析方法,属于吸收光谱分析。但它们吸光物质的状态不同,原子吸收光谱分析中,吸收物质是基态原子蒸气,而紫外-可见分光分析中的吸光物质是溶液中的分子或离子。原子吸收光谱是线状光谱,而紫外-可见吸收光谱是带状光谱,这是两种方法的主要区别。就是由于这种差别,它们所用的仪器及分析方法都有许多不同之处。

二、原子吸收光谱法的特点和应用范围

原子吸收光谱法有以下特点:

(1) 灵敏度高、检出限低。火焰原子吸收光谱法的检出限可达每毫升微克量级;火焰原子吸收光谱法的检出限可达 $10^{-10} \sim 10^{-14}$ g。

（2）准确度好。火焰原子吸收光谱法的相对误差小于1‰，其准确度接近经典化学方法。石墨炉原子吸收法的相对误差一般为3%～5%。

（3）选择性好。用原子吸收光谱法测定元素含量时，通常共存元素对待测元素干扰少。若实验条件适合一般可在不分离共存元素的情况下直接测定。

（4）操作简便，分析速度快。在准备工作做好后一般几分钟即可完成一种元素的测定。

（5）应用广泛。原子吸收光谱法被广泛应用于各领域中，可以直接测定70多种金属元素，也可以用间接方法测定一些非金属元素和有机化合物。

原子吸收光谱法的不足之处是：由于分析不同元素必须使用不同元素灯，因此多元素同时测定尚有困难。有些元素的灵敏度还比较低，如（钍、铪、钽等），而且复杂样品需要进行复杂的化学预处理，否则干扰将比较严重。

三、原子吸收分光光度法的原理

1. 原子吸收光谱的产生

原子吸收光谱法利用原子对固有波长光的吸收进行测定。所有的原子可分类成具有低能量和高能量的。具有低能量的状态称为基态，而具有高能量的状态称为激发态。处于基态的原子吸收外部能量，变成激发态。例如，钠主要有两种具有较高能量的激发态，分别比基态原子高 2.2 eV 和 3.6 eV，如图 1-11。当 2.2 eV 能量给予处于基态的钠原子，原子将移动到激发态（Ⅰ）；当 3.6 eV 能量给予基态，原子将移动到激发态（Ⅱ）。给予的能量以光的形式，2.2 eV 和 3.6 eV 分别相当于 589.9 nm 和 330.3 nm 波长光的能量。对于基态钠原子而言，只吸收这些波长的光，而不吸收其他波长的光。

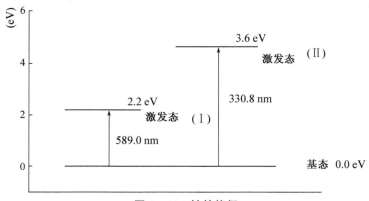

图 1-11　钠的能级

基态和激发态能量的差取决于元素和吸收光的波长。原子吸收光谱法使用空心阴极灯（HCL）。HCL 给出被测定元素的特征波长的光，根据光吸收从而测定原子密度。

这是原子吸收法中最主要的分析线。

2. 共振线和吸收线

任何元素的原子都是由原子核和围绕原子核运动的电子组成的。这些电子按其能量的高低分层分布，而具有不同能级。因此，一个原子可具有多种能级状态。在正常状态下，原子处于最低能态（这个能态最稳定）称为基态。处于基态的原子称基态原子。基态原子受到外界能量（如热能、光能等）激发时，其外层电子吸收了一定能量而跃迁到不同高能态，因此原子可能有不同的激发态。原子由基态跃迁到第一激发态所需能量最低，跃迁最容易，此时产生的吸收线称为第一共振吸收线，也称为该元素的灵敏线。当电子从第一激发态跃迁回基态时，则发射出同样频率的光辐射，其对应的谱线称为共振发射线，也简称共振线。

由于不同元素的原子结构不同，因此其共振线也各有特征。原子吸收光谱分析法就是利用处于基态的待测原子蒸气对从光源发射的共振发射线的吸收来进行分析的，因此元素的共振线又称分析线。

3. 原子吸收谱线轮廓及变宽

原子吸收谱线是具有一定宽度、轮廓和具有一定频率范围的光谱线。由于其宽度很窄，一般难以看清其形状，习惯上称之为谱线。但是理论和实验表明，原子吸收谱线并非是一条严格的几何线，而是具有一定形状，即谱线强度按频率有一分布值，而且强度随频率的变化是急剧的。通常是以 $K-\nu$ 曲线表示的，即吸收系数 K 为纵坐标，以频率 ν 为横坐标的曲线图，原子吸收光谱曲线反映了原子对不同频率的光具有选择性吸收的性质。极大值相对应频率称中心频率，相应的吸收数称中心吸收系数或峰值吸收系数。$K-\nu$ 曲线又称原子吸收光谱轮廓或吸收线轮廓。吸收线轮廓的宽度也叫光谱带宽，以半宽度 $\Delta\nu$ 的大小表示。

原子吸收光谱变宽的原因有两个方面：一是由原子性所决定，如自然宽度；另一方面是由于外界因素影响引起的，如多普勒变宽、劳伦茨变宽等。

（1）自然宽度

在无外界影响的情况下，吸收线本身的宽度。自然宽度的大小与激发态的原子平均寿命有关，激发态原子平均寿命越长，吸收线自然宽度愈窄，对于多数元素的共振线来讲，自然宽度约为 $10^{-6} \sim 10^{-5}$ nm。

（2）多普勒变宽

也叫热变宽，这是由于原子在空间做无规则热运动所引起的一种吸收线变宽现象，多普勒变宽随温度升高而加剧，并随元素种类而异，在一般火焰温度下，多普勒变宽可以使谱线增宽 10^{-3} nm，是原子吸收谱线变宽的主要原因。

（3）劳伦茨变宽

待测元素的原子与其他元素原子相互碰撞而引起的吸收线变宽称为劳伦茨变宽。劳伦茨变宽随原子区内原子蒸汽压力增大和温度增高而增大。在 101.325 kPa 以及一般火焰温度下，大多数元素共振线的劳伦茨变宽与多普勒变宽的增宽范围具有相同的数量级，一般为 10^{-3} nm。

（4）场致变宽和自吸变宽

在外界电场或磁场作用下，也能引起原子能级分裂而使谱线变宽，这种变宽称为场致变宽。另外，光源辐射共振线，由于周围较冷的同种原子吸收掉部分辐射，使光强减弱。这种现象叫谱线的自吸收，在实际应用中应选择合适的灯电流来避免自吸展宽效应。

在通常的原子吸收分析实验条件下，吸收线轮廓主要受到多普勒变宽和劳伦茨变宽的影响，而其他元素的粒子浓度很小时，则主要受多普勒变宽的影响。

4. 光吸收率和待测元素含量之间的关系

原子吸收光谱分析的波长区域在近紫外区。光源辐射出的待测元素的特征光谱通过样品的蒸汽中待测元素的基态原子时被吸收，如图 1-12 所示。原子密度决定吸收率。

由发射光谱被减弱的程度，进而求得样品中待测元素的含量，它符合朗伯-比尔定律。

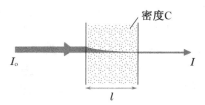

图 1-12　原子吸收的原理

第三节　样品原子化的方法

通常情况下，样品中要分析的元素并不一定处于自由状态，而常常与其他元素结合成为所谓的分子。例如，海水中的钠多数与氯结合形成氯化钠（NaCl）分子。分子状态的样品不能测定原子吸收，因为分子不吸收特定波长的光。这些结合的原子必须使用一些手段，切断相互的结合使之成为自由原子，这一过程称为原子化。最常用的原子化方法是热解离，即把样品加热到高温，使分子转换到自由原子。热解离方法又可分成火焰方法（采用化学火焰作为热源）和无火焰方法（采用非常小的电炉）。

一、火焰原子化法

用于原子化的火焰使用燃烧器产生，这是最普遍的方法。目前，商品原子吸收装置作为标准配备几乎都有燃烧器。

图1-13是典型的燃烧器示意图。图中说明以氯化钙形式的含钙溶液样品的测定。样品首先通过雾化器雾化。大的水滴作为废液排放，只有细的雾粒在雾化室与燃气和助燃气混合送入火焰。当这些雾粒进入火焰中后，雾粒迅速蒸发产生细的氯化钙分子颗粒。这些颗粒在火焰中由于热的作用，氯化钙进一步离解成自由的钙原子和氯原子。如果波长422.7 nm(Ca)的光束照射到这部分火焰时，就产生原子吸收。

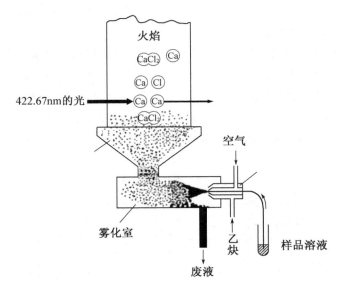

图1-13　火焰原子吸收

样品溶液被喷雾雾化进入火焰，大体经历雾化、脱水干燥、熔融蒸发、热解和还原、激发、电离和化合几个过程，如图1-14所示。

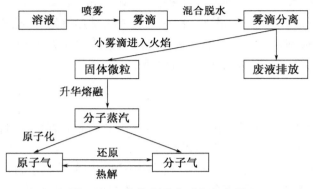

图 1 - 14　火焰原子化过程示意图

二、电加热原子化法

1. 电加热原子化器

电加热原子化器的种类有多种。在商品仪器中常用的电加热原子化器是管式石墨炉原子化器,其结构如图 1 - 15 所示。它使用低压(10～25 V)、大电流(400～600 A)来加热石墨管,可升温至 3 000 ℃,使管中少量液体和固体样品蒸发和原子化,石墨管长 30～60 mm,外径 6 mm,内径 4 mm。石墨炉要不断通入惰性气体以保护原子化基态原子不再被氧化,并用以清洗和保护石墨管。为使石墨管在每次分析之间能迅速降到室温,从上面冷却水入口通入 20 ℃ 的水以冷却石墨炉原子化器。

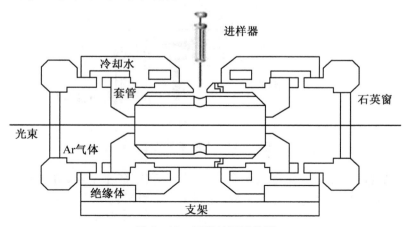

图 1 - 15　石墨炉原子化器

石墨炉原子化器的优点是:原子化效率高,在可调的高温下试样利用率达 100%,灵敏度高,试样用量少,适用于难溶元素的测定。不足之处是:试样组成不均匀性的影响较大。测定精密度较低,共存化合物的干扰比火焰原子化法大,背景干扰比较严重,一般都需要校正背景。

2. 管式石墨炉原子化过程

常采用直接进样和程序升温方式对试样进行原子化,其过程包括干燥、灰化、原子化、净化四个阶段,如图 1-16。

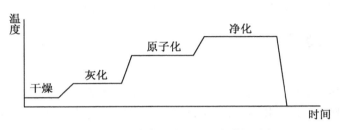

图 1-16　石墨炉原子化法程序升温过程

(1) 干燥阶段　干燥的目的主要是除去试样中水分等溶剂,以免因溶剂存在引起试液灰化和原子化过程飞溅,干燥温度一般要高于溶剂的沸点,干燥时间取决于试样体积,一般每微升溶液干燥时间约需 1.5 秒。

(2) 灰化阶段　灰化的目的是尽可能除掉试样中挥发的基体和有机物或其他干扰元素,适宜的灰化温度及时间取决于试样的基体及被测元素的性质,最高灰化温度应以待测元素不挥发损失为限。一般灰化温度,100~1 800 ℃,灰化时间 0.5 秒到 5 分钟。

(3) 原子化阶段　目的是使待测元素的化合物蒸汽气化,然后解离为基态原子。原子化温度随待测元素而异。原子化时间约为 3~10 秒,适宜的原子化温度应通过实验确定。

(4) 净化阶段　当一个样品测定结束还需要用比原子化阶段稍高的温度加热,以除去石墨管中残留物质,消除记忆效应,以便下一个试样的测定。

石墨炉的升温程序是微机处理控制的,进样后原子化过程按程序自动进行。

3. 管式炉原子化法的特点

石墨炉原子化效率远比火焰原子化效率高,其检出限可达 $10^{-12} \sim 10^{-14}$ g,因此绝对灵敏度也高。采用石墨炉原子化法无论是固体还是液体均可直接进样,而且样品用量少,一般液体试样为 1~100 μL,固体试样可少至 20~

$40~\mu g$。石墨炉原子化缺点是基体效应,化学干扰较多,测量结果的重现性较火焰法差。

第四节　原子吸收分光光度法分析的基本条件

仪器各测量参数设置到最优的分析条件才能获得好的测定结果。最优的条件取决于样品的组成和测定的元素。即使元素相同,但样品的组成不同其最优的测定条件也可能有所不同。因此在实际分析中需要全面探索测定条件。

一、参数条件

1. 分析线

空心阴极灯发出的光谱比较复杂,尤其是周期表之间的 4、5、6、7 和 8 列中的元素光谱更为复杂,有数千条谱线。为获得较高的灵敏度、稳定性和宽的线性范围及无干扰测定,须选择合适的吸收线。在吸收线选择时,一般遵循以下几个原则:

(1)灵敏度　一般选择最灵敏的共振吸收线,测定高含量元素时,可选用次灵敏线。

(2)谱线干扰　当分析线附近有其他非吸收线存在时,将使灵敏度降低和工作曲线弯曲,应当尽量避免干扰。例如,Ni 230.0 nm 附近有 Ni 231.98 nm、Ni 232.14 nm、Ni 231.6 nm 非吸收线干扰。

(3)线性范围　不同分析线有不同的线性范围,例如 Ni 305.1 nm 优于 Ni 230.0 nm。

2. 灯电流值

如果空心阴极灯操作条件不合适,光谱线产生多普勒变宽或自吸收变宽,影响测定结果。多普勒变宽是由于空心阴极灯周围的温度变化造成的,对灯的发射无贡献。由于空心阴极灯的电流增加,亮度增加,因此光谱线变宽导致吸收灵敏度下降,灯电流增加寿命缩短。在上述情况下,阴极灯的电流低一些为好,但是如果太低亮度也随之下降。此时检测器灵敏度必须增大,但是导致噪声变大。

二、火焰原子吸收的分析

1. 火焰的选择

原子吸收分析中使用的标准火焰类型有空气-乙炔、空气-氢、氩-氢和氧化亚氮-乙炔火焰。这些火焰的温度、氧化还原性质、发射特征有所不同。必须根据样品的性质和待测元素的种类选择最优的火焰。空气-乙炔火焰(空气-乙炔)这种火焰的中心温度可达 2 300 ℃,应用最为广泛,可分析约 30 种元素。

2. 助燃气和燃气的混合比

不同的燃气-助燃气比,火焰温度和氧化还原性质也不同。

原子吸收分析的测定条件中助燃气和燃气的混合比是最重要的项目之一。混合比影响火焰温度和环境,从而也决定了基态原子生成的条件。因此,火焰的类型及光束在火焰中的位置控制了 80%～90% 的吸收灵敏度和稳定性(重现性)。由于极端的富燃气或贫燃气将导致火焰的不稳定,因此必须根据测定对象设置最优的混合比。根据温度和燃助比,可将火焰分为贫燃火焰、化学计量火焰和富燃火焰三种类型。

燃气比例小于助燃气,火焰处于贫燃状态,燃烧充分,温度较高,除了碱金属可以用贫燃火焰外,也适用于一些高熔点和惰性金属,如 Ag、Au、Pd、Pt、Rb 等,但燃烧不稳定,测定的重现性较差。

燃气比例等于助燃气,火焰稳定,层次清晰分明,称化学计量性火焰,适合于大多数元素的测定。

燃气比例大于助燃气,为富燃火焰,这种火焰有强还原性,即火焰中含有大量的 CH、C、CO、CN、NH 等成分,适合 Al、Ba、Cr 等元素的测定,特别适于难解离的氧化物的分析。

铬、铁、钙等元素对燃助比反应敏感,因此在拟定分析条件时,要特别注意燃气和助燃气的流量和压力。

3. 光束在火焰中的位置

火焰中产生的基态原子的分布不是均匀的,不仅因元素而异,也与火焰的混合比有关。因为吸收灵敏度随光束在火焰中的位置而改变,燃烧器必须设置到最优的位置才能得到最优的分析结果。

第五节　原子吸收测定中的标准样品

一、储备标准

用于原子吸收的标准样品一般是用酸溶解金属或盐类做成。当长期储存后有可能产生沉淀,或由于氢氧化和碳酸化而被容器壁吸附从而导致浓度改变。市场上销售的标准金属的酸性或碱性溶液,保质期一般是 1～2 年。储备溶液通常是高浓度的酸性或碱性溶液,金属浓度一般 1 mg/mL。然而,即使是高浓度的储备液,也最好不要超过 1 年。储备标准溶液,最好避光常温保存。

二、制作校准曲线用的标准溶液

储备液经过稀释即成为制作校准曲线的标准溶液。对于火焰原子吸收,储备液一般是 1/1 000 稀释(ppm)。在电热(无火焰)原子吸收中,储备液要经过 1/100 000～1/1 000 000 稀释。当储备标准只用水稀释时,会导致许多元素产生沉淀被吸附而降低浓度。因此,校准曲线用的标准溶液往往使用 0.1 mol/L 浓度的相同酸或碱溶液稀释制备。校准用的标准溶液长期使用后浓度容易改变,因此推荐在每次测定前新鲜制备。

三、校准曲线的制备和测定方法

原子吸收光谱法作为测定方法,通常可采用校准曲线法和标准加入法制作校准曲线进行定量分析。原子吸收光谱法中的校准曲线通常在低浓度区域呈现良好的线性,但在高浓度区由于各种原因产生弯曲,导致误差。因此,推荐采用线性良好的浓度区域。

1. 校准曲线法

首先测定几个已知浓度的样品溶液(三个或更多不同浓度的溶液),用浓度对吸收作图制备校准曲线,如图 1-17(1),然后测定未知样品的吸收,从校准曲线得到目标元素的浓度。如果标准样品和未知样品溶液的组成有区别,测定值就可能有误差。因此,推荐使用与未知样品溶液组成类似的标准样品。制备标准样品溶液时,要使未知样品溶液的浓度落在标准系列的浓度范围内。

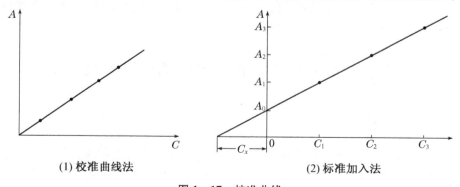

(1) 校准曲线法　　　　　　(2) 标准加入法

图 1-17　校准曲线

2. 标准加入法

标准加入法是将加入到样品中的已知质量浓度的待测元素与样品中未知质量浓度的待测元素处于完全相同的分析环境中,使之受溶剂及共存物的影响也相同。这种分析方法经常用于火焰原子吸收分析中,但在石墨炉原子吸收分析中不常用。

将试样分成体积相同的若干份,除一份外,其余各份分别加入已知量的不同浓度的标准溶液,然后定容到相同的体积后,分别测其吸光度。以加入待测元素的标准量为横坐标,测得相应的吸光度为纵坐标作图,可得一条直线。将此直线外推至横坐标相交处,此点与原点的距离即为稀释后试样中待测元素的浓度,如图 1-17(2)。

此方法的优点是可降低由于组成不同引起的各种干扰的分析误差。因为校准曲线的组成与样品非常接近,此方法的前提是校准曲线在低浓度时呈现良好的线性,并在无加入时通过原点,否则,将会导致误差。

3. 校准曲线的浓度

通常在原子吸收光谱法中,吸收在 0.5 以下校准曲线呈现线性,因此最好校准曲线的吸收在 0.3 左右。原子吸收光谱法中吸收灵敏度一般用 1% 吸收值(0.004 4 Abs)或检测限值表示。1% 吸收值是给出 0.004 4 吸收的样品的浓度;检测限值是相对于 2 倍噪声高度的样品浓度。因为 1% 吸收灵敏度相当于 0.004 Abs。校准曲线的浓度设置,低限样品的浓度应该相当于 10 倍的 1% 吸收值的浓度,上限相当于 70~80 倍的 1% 吸收值的浓度,则吸收在 0.04~0.3 之间,可认为是最优的校准曲线的浓度范围。

第六节　原子吸收分光光度法中的干扰

原子吸收光谱法中的干扰通常可分为分光干扰、物理干扰和化学干扰。分光干扰取决于装置和火焰性质。当分析用的光谱线不能完全从其他邻近线分离时,或当分析用的光谱线被火焰中产生的非目标元素原子蒸汽的其他物质吸收时就引起干扰。物理干扰是指试样在转移、蒸发和原子化过程中,由于试样任何物理性质的变化而引起的原子吸收信号强度变化的效应。物理干扰属非选择性干扰。化学干扰常常发生在一些样品和元素在火焰中其原子产生电离,或原子与共存物质作用产生难离解(破碎)化合物,此时基态原子的数量降低影响吸收。

一、分光干扰及其校正方法

分光干扰是由于原子或分子吸收造成的。干扰是由于待测原子的光谱线与其他元素的邻近光谱线互相重叠。

如果测定目标元素时，其吸收包括了其他元素光谱组分的贡献时就产生干扰，例如 Eu 324.7(530A)对 Cu 324.7(540A)或 V 250.6(905A)对 Si 250.6(899A)。此类干扰不普遍，可选择分析线避免干扰。Fe 213.8(589A)对 Zn 213.8(560A)的影响有时必须考虑，例如测定钢铁中的 Zn 含量，由于大量铁的存在，如果忽略了光谱干扰必将得到错误的分析值。

分子吸收干扰是由于没有原子化的分子对光的吸收和散射。分子吸收称为背景吸收，从空心阴极灯光源射出的光测定的吸收是原子吸收和背景吸收的总和。如果背景吸收可通过某些手段加以测定，则通过差减法即可得到原子吸收。背景吸收可用以下方法校正。

1. 使用邻近线的方法

在目标元素的分析线稍稍偏离的波长上，有背景吸收但是无原子吸收。因此，如果寻找一个别的空心阴极灯，其给出的邻近光谱线在目标元素光谱线的±5 nm 之内，则可测定背景吸收，此方法称为邻近线法。

2. 连续光源法

如果光源，例如氘灯，可在 190～430 nm 范围内给出连续的光，可准确地校正背景。当光谱仪的波长设置到目标元素的波长，氘灯可得到宽波长带光。如前所述，分子吸收发生在宽的波长范围，可观察到光强度显著降低。目标元素的原子吸收光仅发生在分析线波长的中心，离开此中心 1/100 Å 距离以上即无吸收。氘灯由于是连续光源，极大部分的光未被原子吸收。由此可见，如果使用氘灯则基本上只观察到分子吸收(背景吸收)。因此，从空心阴极灯的吸收(原子吸收和背景吸收之和)减去氘灯的吸收即可得到纯的原子吸收。

二、物理干扰

样品溶液的物理性质导致的分析值误差包括标准样品和样品之间的黏度和表面张力不同。在火焰原子吸收中，物理性质的差别会影响雾化量、雾化率和雾粒的大小。使用有机溶剂会导致上述现象。当待测金属溶解在 4-甲基-2-戊酮、正丁基-乙酸或其他有机溶剂中，灵敏度会比水溶液提高 2～3 倍。在电热原子吸收中，物理性质的不同将引起样品在石墨管中扩散或渗透的差别。当黏度较高时，部分样品残留在吸液管或毛细管中，导致分析误差。为消

除物理干扰,一般采用以下方法:

(1)配制与待测试液基体相一致的标准溶液,这是最常用的方法。

(2)当配制与待测试液基体相一致的标准溶液有困难时,需采用标准加入法。

(3)当被测元素在试液中浓度较高时,可以用稀释溶液的方法来降低或消除物理干扰。

三、化学干扰及其校正方法

化学干扰是指试样溶液转化为自由基态原子的过程中,待测元素和其他组分之间的化学作用而引起的干扰效应。它主要影响待测元素化合物的熔融、蒸发和解离过程。这种效应可以是正效应,增强原子吸收信号;也可以是负效应,降低原子吸收信号。化学干扰是一种选择性干扰,它不仅取决于待测元素与共存元素的性质,还和火焰类型、火焰温度、火焰状态、观察部位等因素有关。可通过以下几种办法消除干扰:

(1)利用高温火焰:改用 N_2O-乙炔火焰,许多在空气-乙炔火焰中出现的干扰在 N_2O-乙炔火焰中可以部分或完全的消除。

(2)改变火焰性质:对于易形成难熔、难挥发氧化物的元素,如硅、钛、铝、铍等,如果使用还原性气氛很强的火焰,则有利于这些元素的原子化。

(3)加入释放剂:待测元素和干扰元素在火焰中稳定的化合物,加入另一种物质使之与干扰元素反应,生成更易挥发的化合物,从而使待测元素从干扰元素的化合物中释放出来,加入的这种物质叫释放剂。常用的释放剂有氯化镧和氯化锶等。

(4)加入保护剂:加入一种试剂使待测元素不与干扰元素生成难挥发的化合物,可保护待测元素不受干扰,这种试剂叫保护剂。如 EDTA 作保护剂可抑制磷酸根对钙的干扰,8-羟基喹啉作保护剂可抑制铝对镁的干扰。

(5)加入缓冲剂:在试样和标准溶液中加入一种过量的干扰元素,使干扰影响不再变化,进而抑制或消除干扰元素对测定结果的影响。例如,用 N_2O-乙炔火焰测定钛时,铝抑制钛的吸收。当铝浓度大于 $200\ \mu g/mL$ 时,干扰趋于稳定,可消除铝对钛的干扰。缓冲剂的加入量,必须大于吸收值不再变化的干扰元素的最低限量。应用这种方法往往明显地降低灵敏度。

(6)采用标准加入法。

第七节　定量分析

一、定量分析方法

（1）标准曲线法：这是最基本的定量方法。
（2）标准加入法：在火焰原子吸收分析中经常用到。

二、灵敏度、检出限和回收率

1. 灵敏度

灵敏度为吸光度随浓度的变化率 dA/dc，亦即校准曲线的斜率。火焰原子吸收的灵敏度，用特征浓度来表示。其定义为能产生 1‰ 吸收（吸光度 0.004 4）时，被测元素在水溶液中的浓度（$\mu g/mL$），可用下式计算：

$$S = \frac{c \times 0.004\ 4}{A}$$

式中：c 为测试溶液的浓度；A 为测试溶液的吸光度。

石墨炉的灵敏度以特征质量来表示，即能够产生 1‰ 吸收（或 0.004 4 吸光度）时，被测溶液在水溶液中的质量（μg），称为绝对灵敏度，可用 $\mu g/‰$ 表示。测定时被测溶液的最适宜浓度应选在灵敏度的 15～100 倍的范围内。同一种元素在不同的仪器上测定会得到不同的灵敏度，因而灵敏度是仪器性能优劣的重要指标。

2. 检出限

检出限意味着仪器所能检出的最低（极限）浓度。按 IUPAC 1975 年规定，元素的检出限定义为能够给出 3 倍于标准偏差的吸光度时，所对应的待测元素的浓度或质量。检出限取决于仪器稳定性，并随样品基体的类型和溶剂的种类不同而变化，信号的波动来源于光源、火焰及检测器噪声。两种不同元素可能有相同的灵敏度，但由于每种元素光源噪声、火焰噪声及检测器噪声等不同，检出限就可能不一样。因此，检出限是仪器性能的一个重要指标，待测元素的存在量只有高出检出限，才有可能将有效信号与噪声信号分开，"未检出"就是待测元素的量低于检出限。

3. 回收率

进行原子吸收分析实验时，通常需要测出所用方法的待测元素的回收率，以此评价方法的准确度和可靠性。回收率的测定可采用下面两种方法：

（1）利用标准物质进行测定

将已知含量的待测元素标准物质，在与试样相同条件下进行预处理，在相同仪器及相同操作条件下，以相同定量方法进行测量，求出标样中待测组分的含量，则回收率为测定值与真实值之比，即

$$回收率 = \frac{含量测定值}{含量真实值}$$

（2）用标准加入法进行测定

在不能获得标准物质的情况下可使用标准加入法进行测定。在完全相同的实验条件下，先测定试样中待测元素的含量；然后再向另一份相同量的试样中，准确加入一定量的待测元素纯物质后，再次测定待测元素的含量。两次测定待测元素含量之差与待测元素加入量之比即为回收率：

$$回收率 = \frac{加入纯物质样品测定值 - 样品测定值}{纯物质的加入量}$$

从回收率的两种测定方法可知，当回收率的测定值接近 100% 时，表明所用的测定方法准确、可靠。

在实际工作中所添加的标准物质，应该和样品的含量近似，或仅高于样品含量的几倍，一般为样品含量的一半、等值或一倍。

任务分析与解决

1. 任务分析

将含有有害金属元素的样品或经消解处理过的样品直接吸入高温火焰，在火焰中形成原子，这些原子对特征电磁辐射产生吸收，将测得的样品吸光度和标准溶液的吸光度进行比较，确定样品中被测元素的浓度。因而可利用原子吸收光度法测定有害金属元素。

2. 任务解决

（1）采样和样品处理：用聚乙烯塑料瓶采集样品。采样瓶先用洗涤剂洗净，再在硝酸溶液中浸泡，使用前用水冲洗干净。分析金属总量的样品，采集后立即加硝酸酸化至 pH 为 $1\sim2$，正常情况下，每 1 000 mL 样品加 2 mL 硝酸。

（2）仪器和试剂：火焰石墨炉一体原子吸收分光光度计及相应的辅助设备，配有乙炔-空气燃烧器。金属贮备液：1.000 g/L。

（3）制作校准曲线。

（4）选择波长和调节火焰,测定。

（5）空白试验:在测定样品的同时测定空白。

（6）样品测定:根据扣除空白吸光度后的样品吸光度,在校准曲线上查出样品中的金属浓度。

思考题

1. 影响原子吸收谱线变宽的因素有哪些,其中最主要的因素是什么?

2. 标准加入法与标准曲线法各有哪些优缺点?

3. 用标准加入法测定一无机试样溶液中镉的浓度,各试液在加入镉对照品溶液后,用水稀释至 50 mL,测得吸光度如下,求试样中镉的浓度。

序号	试液(mL)	加入镉对照品溶液(10 μg/mL)的毫升数	吸光度
1	20	0	0.042
2	20	1	0.080
3	20	2	0.116
4	20	4	0.190

4. 用原子吸收分光光度法测定自来水中镁的含量。取一系列镁对照品溶液(1 μg/mL)及自来水样于 50 mL 容量瓶中,分别加入 5% 锶盐溶液 2 mL 后,用蒸馏水稀释至刻度。然后与蒸馏水交替喷雾测定其吸光度。其数据如下所示,计算自来水中镁的含量(mg/L)。

	1	2	3	4	5	6	7
镁对照品溶液(mL)	0.00	1.00	2.00	3.00	4.00	5.00	自来水样 20 mL
吸光度	0.043	0.092	0.140	0.187	0.234	0.234	0.135

5. 在原子吸收光谱中,对于氧化物熔点较高的元素,可选用 （ ）

　　A. 富燃火焰　　　　　B. 化学计量火焰　　　　C. 贫燃火焰

6. 在原子吸收光谱法中,若有干扰元素的共振线与被测元素的共振线相重叠,将导致测定结果 （ ）

　　A. 偏低　　　　　　　B. 偏高　　　　　　　　C. 更可靠

7. 用原子吸收光谱法测定尿中的铜。采用标准加入法,在 324.8 nm 波长处测得的结果如下:

加入铜标准溶液/(μg/mL)	吸光度	加入铜标准溶液/(μg/mL)	吸光度
0(样品)	0.280	6.00	0.757
2.00	0.440	8.00	0.912
4.00	0.600		

计算尿中铜的浓度是多少?

8. 用原子吸收光谱法测定水样中钴的含量。分别取水样 10 mL 于 5 只 50 mL 容量瓶中,然后在容量瓶中加入不同体积的 6.23 mg/L 钴标准溶液,并稀释至刻度。测得的吸光度如下:

溶液号	未知水样/mL	钴标准溶液/mL	吸光度
1	0	0	0.042
2	10.0	0	0.201
3	10.0	10.0	0.292
4	10.0	20.0	0.378
5	10.0	30.0	0.467
6	10.0	40.0	0.554

试计算钴的含量为多少?

项目5 分子荧光分析法

主要内容

　　1.分子荧光分析法的基本原理。

　　2.分子荧光与化合物结构的关系及影响因素。

　　3.分子荧光分析法定量分析的应用。

重点及难点

　　1.分子荧光光谱的产生及基本原理。

　　2.分子荧光的定量分析方法。

任务要求

　　氧氟沙星是第三代氟喹诺酮类抗菌素,主要用于呼吸系统感染与泌尿系统感染,目前在国内外已广泛应用于养殖业。作为一种人畜共用药,由于药物滥用而导致食品中药物残留,近来喹诺酮类残留问题已经引起了较大关注。如何检测动物源食品中氧氟沙星的残留限量?

第一节　概　　述

　　物质的分子吸收一定的能量后,其电子从基态跃迁到激发态,再返回基态的过程中伴随有光辐射,这种现象称为分子发光(molecular luminescence),以此建立起来的分析方法,称为分子发光分析法。

　　物质因吸收光能激发而发光,称为光致发光(根据发光机理和过程的不同又可分为荧光和燐光);因吸收电能激发而发光,称为电致发光;因吸收化学反应或生物体释放的能量激发而发光,称为化学发光或生物发光。根据分子受激发光的类型、机理和性质的不同,分子发光分析法通常分为荧光分析法、磷光分析法和化学发光分析法。

　　荧光分析法历史悠久。早在 16 世纪西班牙内科医生和植物学家 N. Monardes 就发现含有一种称为"Lignum Nephriticum"的木头切片的水溶液中,呈现出极为可爱的天蓝色,但未能解释这种荧光现象。直到1852 年 Stokes 在考察奎宁和叶绿素的荧光时,用分光计观察到它们能发射比入射光波长稍长的光,才判明这种现象是这些物质在吸收光能后重新发射的不同波长的光,从而导入了荧光是光发射的概念,并根据荧石发荧光的性质提出"荧光"这一术语,他还论述了 Stokes 位移定律和荧光猝灭现象。到 19 世纪末,人们已经知道了包括荧光素、曙红、多环芳烃等 600 多种荧光化合物。近十几年来,由于激光、微处理机和电子学新成就等科学技术的引入,大大推动了荧光分析理论的进步,促进了诸如同步荧光测定、导数荧光测定、时间分辨荧光测定、相分辨荧光测定、荧光偏振测定、荧光免疫测定、低温荧光测定、固体表面荧光测定、荧光反应速率法、三维荧光光谱技术和荧光光纤化学传感器等荧光分析方面的发展,加速了各种新型荧光分析仪器的问世,进一步提高了分析方法的灵敏度、准确度和选择性,解决了生产和科研中的不少难题。

目前,分子发光分析法在生物化学、分子生物学、免疫学、环境科学以及农牧产品分析、卫生检验、工农业生产和科学研究等领域得到了广泛的应用。

第二节　分子荧光分析法的基本原理

一、荧光(磷光)光谱的产生

物质受光照射时,光子的能量在一定条件下被物质的基态分子所吸收,分子中的价电子发生能级跃迁而处于电子激发态,在光致激发和去激发光过程中,分子中的价电子可以处于不同的自旋状态,通常用电子自旋状态的多重性来描述。一个所有电子自旋都配对的分子的电子态,称为单重态,用"S"表示;分子中的电子对的电子自旋平行的电子态,称为三重态,用"T"表示。

电子自旋状态的多重态用 $2S+1$ 表示,S 是分子中电子自旋量子数的代数和,其数值为 0 或 1。如果分子中全部轨道里的电子都是自旋配对时,即 $S=0$,多重态 $2S+1=1$,该分子体系便处于单重态。大多数有机物分子的基态是处于单重态的,该状态用"S_0"表示。倘若分子吸收能量后,电子在跃迁过程中不发生自旋方向的变化,这时分子处于激发单重态;如果电子在跃迁过程中伴随着自旋方向的改变,这时分子便具有两个自旋平行(不配对)的电子,即 $S=1$,多重态 $2S+1=3$,该分子体系便处于激发三重态。符号 S_0、S_1、S_2 分别表示基态单重态、第一和第二电子激发单重态,T_1 和 T_2 则分别表示第一和第二电子激发三重态。

处于激发态的分子是不稳定的,它可能通过辐射跃迁和无辐射跃迁等分子内的去活化过程丧失多余的能量而返回基态。辐射跃迁的去活化过程,发生光子的发射,伴随着荧光或磷光现象;无辐射跃迁的去活化过程是以热的形式辐射其多余的能量,包括内转化(ic)、系间窜跃(isc)、振动弛豫(vr)及外部转移(ec)等,各种跃迁方式发生的可能性及程度,与荧光物质本身的结构及激发时的物理和化学环境等因素有关。

(1)振动弛豫

它是指在同一电子能级中,电子由高振动能级转至低振动能级,而将多余的能量以热的形式放出。发生振动弛豫的时间为10^{-12}s数量级。

(2)内转移

当两个电子能级非常靠近以至其振动能级有重叠时,常发生电子由高能级以无辐射跃迁方式转移到低能级。

(3)荧光发射

处于第一激发单重态最低振动能级的电子跃回至基态各振动能级时,所产生的光辐射称为荧光发射,将得到最大波长为λ_3的荧光。注意基态中也有振动弛豫跃迁。很明显,λ_3的波长较激发波长λ_1或λ_2都长,而且不论电子开始被激发至什么高能级,最终将只发射出波长λ_3的荧光。荧光的产生在$10^{-6}\sim 10^{-9}$s内完成。

(4)系间窜跃

指不同多重态间的无辐射跃迁。如:$S_1 \rightarrow T_1$,通常发生系间窜跃时,电子由S_1的较低振动能级转移到T_1的较高振动能级处。有时,通过热激发,有可能发生$T_1 \rightarrow S_1$,然后由S_1发生荧光,即产生延迟荧光。

(5)磷光发射

电子由基态单重态激发至第一激发三重态的几率很小,因为这是禁阻跃迁。但是,由第一激发单重态的最低振动能级,有可能以系间窜跃方式转至第一激发三重态,再经过振动弛豫,转至其最低振动能级,由此激发态跃回至基态时,便发射磷光。这个跃迁过程$(T_1 \rightarrow S_0)$也是自旋禁阻的,发光速率较慢,约$10^{-4}\sim 10$ s。这种跃迁所发射的光,在光照停止后,仍可持续一段时间。

(6)外部转移

指激发态分子与溶剂分子或其他溶质分子的相互作用及能量转移,使荧光或磷光强度减弱甚至消失。这一现象称为"熄灭"或"猝灭"。

二、分子荧光分析的基本原理

1. 激发光谱曲线和荧光光谱曲线

任何荧光化合物,都具有两种特征的光谱:激发光谱和发射光谱。

荧光激发光谱(或称激发光谱),就是通过测量荧光体的发光强度随激发光波长的变化而获得的光谱,它反映了不同波长激发光引起荧光的相对效率。激发光谱的具体测绘办法,是通过扫描激发单色器以使不同波长的入射光激发荧光体,然后让所产生的荧光通过固定波长的发射单色器而照射到检测器上,由检测器检测相应的荧光强度,最后通过记录仪记录荧光强度对激发光波长的关系曲线,即为激发光谱。

使激发光的波长和强度保持不变,让荧光物质所产生的荧光通过发射单色器后照射于检测器上,扫描发射单色器并检测各种波长下相应的荧光强度,然后通过记录仪记录荧光强度对发射波长的关系曲线,所得到的谱图称为荧光发射光谱(简称荧光光谱)。荧光光谱表示在所发射的荧光中各种波长组分的相对强度。荧光光谱可供鉴别荧光物质,并作为在荧光测定时选择适当的测定波长或滤光片的依据。

2. 荧光强度与浓度的关系

荧光量子产率(φ),定义为荧光物质吸光后所发射的荧光的光子数与所吸收的激发光的光子数之比值,即:

$$\varphi = \frac{发射的光子数}{吸收的光子数} \quad 或 \quad \varphi = \frac{发射荧光的分子数}{激发分子总数}$$

荧光量子产率有时也叫荧光效率,φ 反映了荧光物质发射荧光的能力,是物质荧光特性的重要参数,其值越大物质的荧光越强。

荧光物质浓度很稀时,所发射的荧光相对强度 F 可用下式表示:

$$F = K'\varphi_f I_0 (1 - e^{-A})$$

式中:K' 为与仪器有关的常数;I_0 是发光强度;A 是荧光物质在激发光波长下测得的吸光度。

由上式可知,凡是影响 φ 值的因素如温度、酸度、溶剂和物质的本性等都会影响荧光强度,而且,随着荧光物质浓度增大,吸光度 A 增大,相对荧光强度也增大。但当 A 无限增大时,e^{-A} 趋于零。所以,浓度增大到一定程度后若再增加,F 便不再增加。当溶液很稀,吸光度 $A < 0.05$ 时,$e^{-A} \approx 1 - A$,则

$$F = K'\varphi_f I_0 [1 - (1 - A)] = K'\varphi_f I_0 A = K'\varphi_f I_0 kcL = KC$$

上式是进行荧光定量分析的依据。在一定条件下,用 I_0 一定的入射光激发荧光溶液时,其发射的荧光强度与荧光物质的浓度成正比。

在低浓度时,荧光强度与物质的浓度呈线性关系。当溶液的 $A \geqslant 0.05$ 时将产生浓度效应,使荧光强度与浓度的关系偏离线性。

3. 荧光与化合物结构的关系

了解荧光与分子结构的关系,可以预示分子能否发光,在什么条件下发

光,以及发射的荧光将具有什么特征,以便更好地运用荧光分析技术,把非荧光体变为荧光体,把弱荧光体变为强荧光体。通常,强荧光分子都具有大的共轭结构、给电子取代基和刚性平面结构等,而饱和的化合物及只有孤立双键的化合物,不呈现显著的荧光。

（1）共轭效应

具有共轭双键体系的芳环或杂环化合物,其电子共轭程度越大,越容易产生荧光;环越多,发光峰红移程度越大,发光往往也越强。如表 1-7 所示,苯和萘的荧光位于紫外区,蒽位于蓝区,丁省位于绿区,戊省位于红区,且均比苯的量子产率高。

表 1-7 几种多环芳烃的荧光

化合物	φ_f	$\lambda_{ex}/\lambda_{em}$(nm)
苯	0.11	205/278
萘	0.29	286/321
蒽	0.46	365/400
丁省	0.60	390/480
戊省	0.52	580/640

同一共轭环数的芳族化合物,线性环结构的荧光波长比非线性者要长。例如:蒽和菲的荧光波长分别为 400 nm 和 350 nm;丁省和苯[α]蒽的荧光峰分别为 480 nm 和 380 nm。

（2）刚性结构和共平面效应

一般说来,荧光物质的刚性和共平面性增强,可使分子与溶剂或其他溶质分子的相互作用减小,即使外转移能量损失减小,从而有利于荧光的发射。例如:芴与联二苯的荧光效率分别约为 1.0 和 0.2。这主要是由于亚甲基使芴的刚性和共平面性增大的缘故。

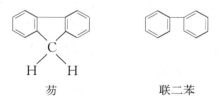

芴　　　　　　　联二苯

如果分子内取代基之间形成氢键,加强了分子的刚性结构,其荧光强度将增强。例如:水杨酸的水溶液,由于分子内氢键的生成,其荧光强度比对(或间)羟基苯甲酸大。

邻羟基苯甲酸(水杨酸)

某些荧光体的立体异构现象对它的荧光强度也有显著影响,例如:1,2-二苯乙烯。其分子结构为反式者,分子空间处于同一平面,顺式者则不处于同一平面,因而反式者呈强荧光,顺式者不发荧光。

（反式）　　　　　　　　　（顺式）

（3）取代基效应

取代基对荧光体的影响分为加强荧光的、减弱荧光的和影响不明显的三种类型。

加强荧光的取代基有—OH,—OR,—NH_2,—CN,—NHR,—NR_2,—OCH_3,—OC_2H_5 等给电子取代基,由于它们 n 电子的电子云几乎与芳环上的 π 轨道平行,因而共享了共轭 π 电子结构,同时扩大了共轭双键体系。这类荧光体的跃迁特性接近于 $\pi \rightarrow \pi^*$ 跃迁,而不同于一般的 $n \rightarrow \pi^*$ 跃迁。

减弱荧光的有 $\diagdown C{=}O$,—COOH,—$C\diagup^O_{OR}$, —$C\diagup^O_{R}$,—NO_2,—NO,—SH 等的电子取代基,它们 n 电子的电子云并不与芳环上 π 电子共平面。另外,减弱荧光的还有卤素取代,芳烃被 F、Cl、Br 和 I 原子取代之后,使系间窜越加强,其荧光强度随卤素相对原子质量的增加而减弱,磷光相应加强,这种效应称为重原子效应。双取代和多取代基的影响较难预测,取代基之间如果能形成氢键增加分子的平面性,则荧光增强。

影响不明显的取代基有—NH_3^+,—R,—SO_3H 等。

（4）电子跃迁类型

含有氮、氧、硫杂原子的有机物,如喹啉和芳酮类物质都含有未键合的 n

电子,电子跃迁多为 $n-\pi^*$ 型,系间窜越强烈,荧光很弱或不发荧光,易与溶剂生成氢键或质子化,从而强烈地影响它们的发光特征吸收。不含氮、氧、硫杂原子的有机荧光体多发生 $\pi-\pi^*$ 型的跃迁,这是电子自旋允许的跃迁,摩尔吸收系数大(约为 10^4),荧光辐射强。

3. 溶剂的影响

同一种荧光体在不同的溶剂中,其荧光光谱的位置和强度都可能会有显著的差别。溶剂对荧光强度的影响比较复杂,一般来说,增大溶剂的极性,将使 $n\to\pi^*$ 跃迁的能量增大,$\pi\to\pi^*$ 跃迁的能量降低,从而导致荧光增强。在含有重原子溶剂如磺乙烷和四溴化碳中,也是由于重原子效应,增加系间窜跃速度,使荧光减弱。

4. 影响荧光强度的主要因素

荧光熄灭(fluorescence quenching,或称荧光猝灭),指任何可使某种荧光物质的荧光强度下降的作用或任何可使荧光量子产率降低的作用。这些引起荧光强度降低的物质称为熄灭剂。

(1) 碰撞熄灭

碰撞熄灭是荧光熄灭的主要原因。它是指处于激发单重态的荧光分子 M* 与熄灭剂 Q 发生碰撞后,使激发态分子以无辐射跃迁方式回到基态,因而产生熄灭作用。碰撞熄灭还与溶液的黏度有关,在黏度大的溶剂中,熄灭作用较小。另外,碰撞熄灭随温度升高而增加。

(2) 能量转移

这种熄灭作用产生于熄灭剂与处于激发单重态的荧光分子作用后,发生能量转移,使熄灭剂得到激发。如果溶液中熄灭剂浓度足够大,可能引起荧光物质的荧光光谱发生畸变和造成荧光强度测定的误差。

(3) 电荷转移

这种熄灭作用产生于熄灭剂与处于激发态分子间发生电荷转移而引起的。由于激发态分子往往比基态分子具有更强的氧化还原能力,因此,荧光物质的激发态分子比其基态分子更容易与其他物质的分子发生电荷转移作用。如甲基蓝分子(以 M 表示)可被 Fe^{2+} 离子熄灭。

$$M^* + Fe^{2+} \longrightarrow M^- + Fe^{3+}$$

所生成的 M^- 离子进一步发生下列反应而成为无色染料。

$$M^- + H^+ \longrightarrow MH(半醌)$$

$$2MH \longrightarrow M + MH_2(无色染料)$$

（4）转入三重态熄灭

由于内部能量转移，发生由激发单重态到三重态的系间窜跃，多余的振动能在碰撞中损失掉而使荧光熄灭。如二苯甲酮，其最低激发单重态是(n,π^*)态，由于$n\rightarrow\pi^*$跃迁是部分禁阻的，因而$\pi^*\rightarrow n$跃迁也是部分禁阻的，处于(n,π^*)态的最低激发单重态的寿命要比处于(π,π^*)态的长，从而转化为三重态的几率也就比较大。此外，(n,π^*)态的S_1和T_1之间的能量间隙通常比较小，有利于加速$S_1\rightarrow T_1$系间窜跃过程的速度。

（5）自熄灭和自吸收

当荧光物质浓度较大时，常会发生自熄灭现象，使荧光强度降低。这可能是由于激发态分子之间的碰撞引起能量损失。当荧光物质的荧光光谱曲线与吸收光谱曲线重叠时，荧光被溶液中处于基态的分子吸收，称为自吸收。

除去上述因素外，温度、酸度、溶剂等均对荧光强度产生影响，在实际工作中需要引起注意。

第三节　分子荧光分析法的应用

一、定性分析

荧光物质的特征光谱有激发光谱和荧光光谱两种，而紫外-可见分光光度法中，只能得到被测物质的一种特征吸收光谱，因此，用荧光分析法进行物质鉴定时可靠性更强。定性方法是将其特征光谱的形状、波长范围与标准物质进行比较，从而确定待测物质与标准物质是否为同一物质。

二、定量分析

荧光定性定量分析与紫外-可见吸收光谱法相似，根据荧光强度与该溶液的浓度成正比的定量关系，在一定的浓度范围内，可以采用标准曲线法和直接比较法进行定量。定量分析时，一般以激发光谱最大峰值波长为激发光波长，以荧光发射光谱最大峰值波长为发射波长。荧光法也可用于混合物的同时测定和络合物组成的研究等。

当被测物质本身能够产生荧光时，可通过直接测定荧光强度来确定该物质的浓度。但大多数无机和有机化合物本身并不产生荧光或荧光量子产率很低而不能直接侧定，此时，可采用间接测定法测定。间接测定法有两种方式：一是通过化学反应使非荧光物质转变成荧光物质，如荧光标记法；二是通过荧光猝灭法测定,即有些化合物具有使荧光体发生荧光猝灭的作用,荧光强度降低值与猝灭剂浓度呈线性关系,可进行定量分析。

1. 工作曲线法

这是常用的方法,即将已知量的标准物质经过与试样的相同处理后,配成一系列标准溶液并测定它们的相对荧光强度,以相对荧光强度对标准溶液的浓度绘制工作曲线,由试液的相对荧光强度对照工作曲线求出试样中荧光物质的含量。

2. 比较法

如果试样数量不多,可用比较法进行测定。取已知量的纯荧光物质配制和试液浓度 c_x 相近的标准溶液 c_s,并在相同的条件下测得它们的荧光强度 F_X 和 F_S,若有试剂空白 F_0 须扣除,然后按下式计算试液的浓度 c_x:

$$c_x = \frac{F_X - F_0}{F_S - F_0} \cdot c_s$$

3. 荧光猝灭法

荧光猝灭剂的浓度 c_Q 与荧光强度的关系可用 Stern-Volmer 方程表示:

$$F_0/F = 1 + Kc_Q$$

F_0 与 F 分别为猝灭剂加入前与加入后试液的荧光强度。由上式可见,F_0/F 与猝灭剂浓度之间有线性关系,与工作曲线法相似,对一定浓度的荧光物质体系,分别加入一系列不同量的猝灭剂 Q,配成一个荧光物质猝灭剂系列,然后在相同条件下测定它们的荧光强度。以 F_0 与 F 比值对 c_Q 绘制工作曲线即可方便地进行测定。该法具有较高的灵敏度和选择性。

三、分子荧光分析法的应用

荧光分析法具有灵敏度高,取样量少等优点,现已广泛应用于无机和有机物质的分析。

1. 无机化合物的荧光分析

无机化合物本身不产生荧光,主要通过与有机试剂生成的具有荧光特性的配合物来进行测定。测定无机化合物时常用的几种荧光试剂有:安息香、8-羟基喹啉、2,2-二羟基偶氮苯、2-羟基-3-萘甲酸等。目前可用荧光法测定的元素已达 60 多种。其中铍、铝、硼、镓、硒、镁、锌、镉及稀土元素常采用荧光法进行分析。

2. 有机化合物的荧光分析

目前,荧光法可以测定数百种有机化合物,广泛应用在食品工艺、发酵工艺、医药卫生、环境保护、农副产品质量检验中。荧光法可以测定某些醇、肼、醛、酮、酯、脂肪酸、糖类、多环芳烃、酚、醌、叶绿素、蛋白质、氨基酸、肽、有机胺类等多种有机化合物。另外，在药物、毒物、有机磷农药和氨基甲酸酯类农药分析方面也发挥着重要作用。

在生命科学的研究中，荧光分析是测定蛋白质、核酸等生物大分子最重要的方法之一。酪氨酸、色氨酸能吸收 $270 \sim 300$ nm 的紫外光，并分别发射 303 nm、348 nm 的荧光，含有这两种氨基酸的蛋白质可以直接用荧光法测定，如用于牛乳中蛋白质的测定。某些荧光染料在与蛋白质作用之后，荧光强度显著加大，而且荧光强度的增大与溶液中蛋白质的浓度呈线性关系，由此可用于蛋白质的测定。如 8-苯胺基-1-萘磺酸作荧光染料可以测定 $1 \sim 300$ $\mu g/$(3 mL)的蛋白质。在核酸的分析中，最重要的荧光试剂是溴乙锭，它能够嵌入到 DNA 双螺旋结构中的碱基对之间，而使其荧光大大增强，它不仅能检测低至 0.1 $\mu g/mL$ DNA 含量，而且可用于探测 DNA 的双螺旋结构，被广泛用于核酸的变性与复性以及 DNA 分子杂交的研究中。

荧光分析法，特别是新近发展起来的同步荧光法、时间分辨荧光法、相分辨荧光法、偏振荧光法等新的测定技术，都具有灵敏度高，选择性好，取样量少，简便快速等优点，已成为各领域中痕量及超痕量分析的重要工具。

任务分析与解决

1. 任务分析

喹诺酮类其核心部分具有较大的共轭结构和刚性平面，因此可产生较显著的荧光，可用荧光光度法测定。

2. 任务解决

（1）样品处理：准确称取动物组织样品，搅碎研磨均匀，加入乙腈（含 1% 冰乙酸）进行提取，离心，取上清液进行测定。

（2）分析步骤：按照仪器说明书规范操作，开机预热，将样品盛放在石英比色皿中，在激发波长 294 nm 的条件下测定 496 nm 的荧光强度 F。

（3）结果表述：外标法定量分析，结果精确至小数点后 2 位。

思考题

1. 荧光的激发光谱和发射光谱分别是什么？

2. 有机化合物的荧光与其分子结构有何关系?

3. 分析一下荧光光度法比紫外-可见光度法灵敏度高的原因?

4. 试从原理方面比较分子荧光、紫外-可见光度法的异同点?

5. 用分子荧光分析法测定食品中的 V_{B2} 时,依次取 0.00 mL、2.00 mL、4.00 mL、6.00 mL、8.00 mL 2.00mg/mL 的 V_{B2} 标准溶液,分别测得荧光强度见下表。准确称取 2.00 g 样品,制成 50.00 mL 待测液,从中取 10.00 mL 待测液的荧光强度 $F=0.46$。① 绘制 $F-c$ 标准曲线;② 求样品中 V_{B2} 含量 (mg/g)。

标准液体积(mL)	0.00	2.00	4.00	6.00	8.00
荧光强度 F	0.00	0.14	0.31	0.45	0.61

项目 6　色谱分析法

主要内容

　　1. 色谱图的物理意义,色谱法的基本术语、基本概念、特点和分离原理。

　　2. 分配系数、分配比、选择性因子及其相互间的关系。

　　3. 塔板理论的主要内容,塔板数、理论塔板高度、有效塔板数和有效塔板高度的概念和计算。

　　4. 速率理论的主要内容,范第姆特(Van deemter)方程的最简式,涡流扩散项、分子扩散项和传质阻力项的产生,对色谱峰宽的影响。

重点及难点

　　1. 色谱法的基本术语,色谱保留方程,塔板理论和速率理论。

　　2. 色谱分离方程式,分离度与柱效容量因子和选择性因子之间的关系。

能力要求

　　1. 掌握色谱分离的基本概念和术语,理解色谱定性和定量分析的方法。

　　2. 掌握两种色谱理论的主要内容,及其对实际分离分析工作的重要意义。

第一节　概　述

　　色谱法最早是由俄国植物学家茨维特在 1906 年研究用碳酸钙分离植物色素时发现的,色谱法因之得名。后来在此基础上发展出纸色谱法、薄层色谱法、气相色谱法、液相色谱法。色谱法是一种分离技术,色谱法的分离原理:使混合物中各组分在两相间进行分配,其中一相是不动的,称为固定相;另一相是携带混合物流过此固定相的流体,称为流动相。溶于流动相中的各组分经过固定相时,由于与固定相发生作用(吸附、分配、离子吸引、排阻、亲和)的大小、强弱不同,在固定相中滞留时间不同,从而先后从固定相中流出,又称为色层法、层析法。它以其具有高分离效能、高检测性能、分析时间快速而成为现代仪器分析方法中应用最广泛的一种方法,如图 1-18 所示。

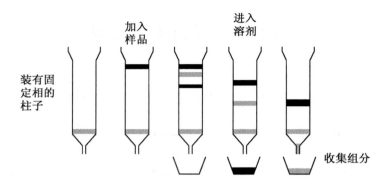

加入样品　进入溶剂

装有固定相的柱子

收集组分

图 1-18　色谱分离示意图

一、色谱法分类

按流动相的物态,色谱法可分为气相色谱法(流动相为气体)和液相色谱法(流动相为液体);再按固定相的物态,又可分为气固色谱法(固定相为固体吸附剂)、气液色谱法(固定相为涂在固体上或毛细管壁上的液体)、液固色谱法和液液色谱法等;按固定相使用的形式,可分为柱色谱法(固定相装在色谱柱中)、纸色谱法(滤纸为固定相)和薄层色谱法(将吸附剂粉末制成薄层作固定相)等。按分离过程的机制,可分为吸附色谱法(利用吸附剂表面对不同组分的物理吸附性能的差异进行分离)、分配色谱法(利用不同组分在两相中有不同的分配比来进行分离)、离子交换色谱法(利用离子交换原理)和排阻色谱法(利用多孔性物质对不同大小分子的排阻作用)等。此外还有超临界流体色谱法(SFC),它以超临界流体(界于气体和液体之间的一种物相)为流动相(常用 CO_2),因其扩散系数大,能很快达到平衡,故分析时间短,特别适用于手性化合物的拆分。

二、色谱术语

1. 基线

在实验操作条件下,当色谱柱后没有组分进入检测器时,反映检测器系统噪声随时间变化的线称为基线,稳定的基线是一条直线。如图 1-19 中所示的直线。

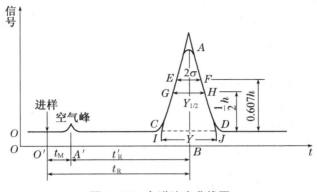

图 1 - 19　色谱流出曲线图

2. 基线漂移

指基线随时间定向的缓慢变化。

3. 基线噪声

指由各种因素所引起的基线起伏。

4. 色谱峰的高度、宽度和面积

（1）峰高（h）：从峰的最大值到峰底的距离。

（2）峰宽：色谱峰区域宽度是色谱流出曲线中一个重要的参数。从色谱分离角度着眼，希望峰的宽度越窄越好。通常度量色谱峰宽度有三种方法。

标准偏差 σ：即 0.607 倍峰高处色谱峰宽度的一半。

半峰宽度 $Y_{1/2}$：又称半宽度或区域宽度，即峰高为一半处的宽度。

峰底宽度 Y：自色谱峰两侧的转折点所作切线在基线上的截距。它与标准偏差的关系为：$Y=4\sigma$。

（3）峰面积 A：色谱峰与峰底之间的面积，是色谱定量分析的依据。

5. 保留值

表示试样中各组分在色谱柱中的滞留时间的数值。通常用时间或用将组分带出色谱柱所需载气的体积来表示。在一定的固定相和操作条件下，任何一种物质都有一确定的保留值，这样就可用作定性参数。

（1）死时间 t_M：不被固定相吸附或溶解的气体（如空气、甲烷）从进样开始到柱后出现浓度最大值时所需的时间。显然，死时间正比于色谱柱的空隙体积。

（2）保留时间 t_R：被测组分从进样开始到柱后出现浓度最大值时所需的时间。

（3）调整保留时间 t_R'：扣除死时间后的保留时间，即 $t_R' = t_R - t_M$。

（4）死体积 V_M：色谱柱在填充后固定相颗粒间所留的空间、色谱仪中管路和连接头间的空间以及检测器的空间的总和。$V_M = t_M \times F_0$，F_0 为柱出口处的载气流量。

（5）保留体积 V_R：从进样开始到柱后被测组分出现浓度最大值时所通过的载气体积，即 $V_R = t_R F_0$。

（6）调整保留体积 V_R'：扣除死体积后的保留体积，即：

$$V_R' = t_R' F_0 \quad \text{或} \quad V_R' = V_R - V_M$$

同样，V_R' 与载气流速无关。死体积反映了柱和仪器系统的几何特性，它与被测物的性质无关，故保留体积值中扣除死体积后将更合理地反映被测组分的保留特性。

（7）相对保留值 r_{21}：某组分 2 的调整保留值与另一组分 1 的调整保留值之比，即：

$$r_{21} = \frac{t_{R(2)}'}{t_{R(1)}'} = \frac{V_{R(2)}'}{V_{R(1)}'} \neq \frac{t_{R(2)}}{t_{R(1)}} \neq \frac{V_{R(2)}}{V_{R(1)}}$$

r_{21} 亦可用来表示固定相（色谱柱）的选择性。值越大，相邻两组分的 t_R' 相差越大，分离得越好，$r_{21} = 1$ 时，两组分不能被分离。

第二节　色谱分析理论基础

一、色谱的分离过程（以气相色谱为例）

1. 气-固色谱分析

固定相是一种具有多孔及较大表面积的吸附剂颗粒。试样由载气携带进入柱子时，立即被吸附剂所吸附。载气不断流过吸附剂时，吸附着的被测组分又被洗脱下来。这种洗脱下来的现象称为脱附。脱附的组分随着载气继续前进时，又可被前面的吸附剂所吸附。随着载气的流动，被测组分在吸附剂表面进行反复的物理吸附、脱附过程。由于被测物质中各个组分的性质不同，它们在吸附剂上的吸附能力就不一样，较难被吸附的组分就容易被脱附，较快地移向前面。容易被吸附的组分就不易被脱附，向前移动得慢些。经过一定时间，即通过一定量的载气后，试样中的各个组分就彼此分离而先后流出色谱柱。

2. 气-液色谱分析

固定相是在化学惰性的固体微粒（此固体是用来支持固定液的，称为担体)表面,涂上一层高沸点有机化合物的液膜。这种高沸点有机化合物称为固定液。在气-液色谱柱内,被测物质中各组分的分离是基于各组分在固定液中溶解度的不同。当载气携带被测物质进入色谱柱,和固定液接触时,气相中的被测组分就溶解到固定液中去。载气连续进入色谱柱,溶解在固定液中的被测组分会从固定液中挥发到气相中去。随着载气的流动,挥发到气相中的被测组分分子又会溶解在前面的固定液中。这样反复多次溶解、挥发、再溶解、再挥发。由于各组分在固定液中溶解能力不同,溶解度大的组分就较难挥发,停留在柱中的时间长些,往前移动得就慢些。而溶解度小的组分,往前移动得快些,停留在柱中的时间就短些。经过一定时间后,各组分就彼此分离。

二、与分离有关的术语

1. 分配

在色谱柱中,由于组分与固定相和流动相分子间的相互作用,它们既可以进入固定相,也可返回流动相,这个过程叫分配。

2. 分配系数

在一定温度和压力下,组分在两相间分配达到平衡时的浓度(单位:g/mL)比,称为分配系数,用 K 表示为:

$$K = c_S/c_M = \frac{组分在固定相中的浓度}{组分在流动相中的浓度}$$

式中:c_S 和 c_M 分别为组分在固定相和流动相中的浓度。

一定温度下,各物质在两相之间的分配系数是不同的。气相色谱分析的分离原理是基于不同物质在两相间具有不同的分配系数,两相做相对运动时,试样中的各组分就在两相中进行反复多次的分配,使原来分配系数只有微小差异的各组分产生很大的分离效果,从而各组分彼此分离开来。

3. 分配比(容量因子)

以 κ 表示,是指在一定温度、压力下,在两相间达到分配平衡时,组分在两相中的质量比,即

$$\kappa = \frac{n_S}{n_M} = \frac{组分在固定相中物质的量}{组分在流动相中物质的量} \qquad \kappa = \frac{t_R'}{t_M}$$

4. 分配比 κ 与分配系数 K 的关系

$$K = \frac{c_S}{c_M} = \frac{m_S/V_S}{m_M/V_M} = \kappa \frac{V_M}{V_S} = \kappa \cdot \beta$$

由式可见:

(1) 分配系数是组分在两相中浓度之比,分配比则是组分在两相中分配

总量之比。它们都与组分及固定相的热力学性质有关，并随柱温、柱压的变化而变化。

（2）分配系数只决定于组分和两相性质，与两相体积无关。分配比不仅决定于组分和两相性质，且与相比有关，亦即组分的分配比随固定相的量而改变。

（3）对于一给定色谱体系（分配体系），组分的分离最终决定于组分在每相中的相对量，而不是相对浓度，因此分配比是衡量色谱柱对组分保留能力的参数。

三、色谱分离基本理论

1. 塔板理论

马丁（Martin）和欣革（Synge）最早提出塔板理论，将色谱柱比作蒸馏塔，塔的高度为 L，把一根连续的色谱柱设想成由许多小段组成。在每一小段内，一部分空间为固定相占据，另一部分空间充满流动相。组分随流动相进入色谱柱后，就在两相间进行分配。并假定在每一小段内组分可以很快地在两相中达到分配平衡，这样一个小段称作一个理论塔板，一个理论塔板的长度称为理论塔板高度 H。经过多次分配平衡，分配系数小的组分，先离开蒸馏塔，分配系数大的组分后离开蒸馏塔。由于色谱柱内的塔板数相当多，因此即使组分分配系数只有微小差异，仍然可以获得好的分离效果。

塔板理论的基本假设为：① 色谱柱内存在许多塔板，组分在塔板间隔（即塔板高度）内完全服从分配定律，并很快达到分配平衡。② 样品加在第 0 号塔板上，样品沿色谱柱轴方向的扩散可以忽略。③ 流动相在色谱柱内间歇式流动，每次进入一个塔板体积。④ 在所有塔板上分配系数相等，与组分的量无关。虽然以上假设与实际色谱过程不符，如色谱过程是一个动态过程，很难达到分配平衡；组分沿色谱柱轴方向的扩散是不可避免的。但是塔板理论导出了色谱流出曲线方程，成功地解释了流出曲线的形状、浓度极大点的位置，能够评价色谱柱柱效。由塔板理论可导出色谱柱效能 n 与色谱峰半峰宽度或峰底宽度的关系：

$$n = 5.54 \left(\frac{t_R}{Y_{1/2}} \right)^2 = 16 \left(\frac{t_R}{Y} \right)^2$$

而 $H = L/n$，由上式可见，色谱峰越窄，塔板数 n 越多，理论塔板高度 H 就越小，此时柱效能越高，因而 n 或 H 可作为描述柱效能的一个指标。由于死时间 t_M（或死体积 V_M）的存在，理论塔板 n、理论塔板高度 H 并不能真实反映色谱分离的好坏。因此提出了将 t_M 除外的有效塔板数(effective plate number) $n_{有效}$ 和有效塔板高度(effective plate height) $H_{有效}$ 作为柱效能指标。其计算式为:

$$n_{有效} = 5.54 \left(\frac{t'_R}{Y_{1/2}} \right)^2 = 16 \left(\frac{t'_R}{Y} \right)^2 \qquad H_{有效} = \frac{L}{n_{有效}}$$

有效塔板数和有效塔板高度消除了死时间的影响,因而能较为真实地反映柱效能的好坏。色谱柱的理论塔板数越大,表示组分在色谱柱中达到分配平衡的次数越多,固定相的作用越显著,因而对分离越有利。但还不能预言并确定各组分是否有被分离的可能,因为分离的可能性决定于试样混合物在固定相中分配系数的差别,而不是决定于分配次数的多少,因此不应把 $n_{有效}$ 看作有无实现分离可能的依据,而只能把它看作是在一定条件下柱分离能力发挥程度的标志。

2. 速率理论

1956 年荷兰学者范弟姆特(Van deemter)等提出了色谱过程的动力学理论,他们吸收了塔板理论的概念,并把影响塔板高度的动力学因素结合进去,导出了塔板高度 H 与载气线速度 u 的关系:

$$H = A + \frac{B}{u} + C \cdot u$$

式中:A 称为涡流扩散项;B 为分子扩散项;C 为传质阻力项。由式中关系可见,当 u 一定时,只有当 A、B、C 较小时,H 才能有较小值,才能获得较高的柱效能;反之,色谱峰扩张,柱效能较低,所以 A、B、C 为影响峰扩张的三项因素。

(1) 涡流扩散项(A)

如图 1-20,气体碰到填充物颗粒时,不断地改变流动方向,使试样组分在气相中形成类似"涡流"的流动,因而引起色谱的扩张。由于 $A = 2\lambda d_p$,表明 A 与填充物的平均颗粒直径 d_p 的大小和填充的不均匀性 λ 有关,而与载气性质、线速度和组分无关,因此使用适当细粒度和颗粒均匀的担体,并尽量填充均匀,是减少涡流扩散,提高柱效的有效途径。

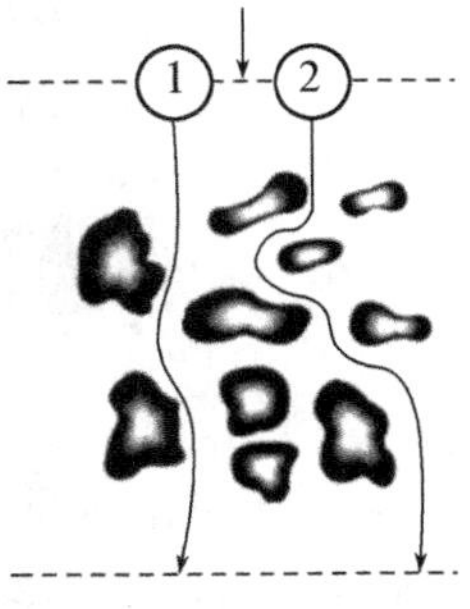

图 1-20　涡流扩散项

(2) 分子扩散项(B/u)

由于试样组分被载气带入色谱柱后,是以"塞子"的形式存在于柱的很小一段空间中,在"塞子"的前后(纵向)存在着浓度差而形成浓度梯度,因此使运动着的分子产生纵向扩散,如图 1-21。而 $B=$ $2rD_g$,r 是因载体填充在柱内而引起气体扩散路径弯曲的因数(弯曲因子),D_g 为组分在气相中的扩散系数。分子扩散项与 D_g 的大小成正比,而 D_g 与组分及载气的性质有关:相对分子质量

图 1-21 分子扩散项

大的组分,其 D_g 小,反比于载气密度的平方根或载气相对分子质量的平方根,所以采用相对分子质量较大的载气(如氮气),可使 B 项降低,D_g 随柱温增高而增加,但反比于柱压。

(3)传质阻力项 $C \cdot u$

C 包括气相传质阻力系数 C_g 和液相传质阻力系数 C_1 两项。在两相间进行质量交换,即进行浓度分配。这种过程若进行缓慢,表示气相传质阻力大,就引起色谱峰扩张。

液相传质过程是指试样组分从固定相的气液界面移动到液相内部,并发生质量交换,达到分配平衡,然后又返回气液界面的传质过程,如图 1-22。这个过程也需要一定时间,在此时间,组分的其他分子仍随载气不断地向柱口运动,这也造成峰形的扩张。

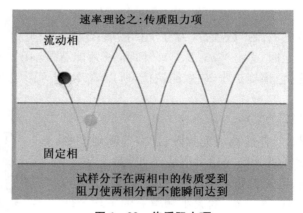

图 1-22 传质阻力项

由上述讨论可见,范弟姆特方程式对于分离条件的选择具有指导意义。它可以说明,填充均匀程度、担体粒度、载气种类、载气流速、柱温、固定相液膜厚度等对柱效、峰扩张的影响。

第三节　色谱分离条件的选择

一、分离度

两个组分怎样才算达到完全分离？首先是两组分的色谱峰之间的距离必须相差足够大，若两峰间仅有一定距离，而每一个峰却很宽，致使彼此重叠，则两组分仍无法完全分离；第二是峰必须窄。只有同时满足这两个条件时，两组分才能完全分离。为判断相邻两组分在色谱柱中的分离情况，可用分离度 R 作为色谱柱的分离效能指标。其定义为相邻两组分色谱峰保留值之差与两个组分色谱峰峰底宽度总和之半的比值：

$$R = \frac{t_{R(2)} - t_{R(1)}}{1/2(Y_1 + Y_2)}$$

R 值越大，就意味着相邻两组分分离得越好。因此，分离度是柱效能、选择性影响因素的总和，故可用其作为色谱柱的总分离效能指标。从理论上可以证明，若峰形对称且满足于正态分布，则当 $R=1$ 时，分离程度可达 98%；当 $R=1.5$ 时，分离程度可达 99.7%，因而可用 $R=1.5$ 来作为相邻两峰已完全分开的标志。

二、色谱分离基本方程式

$$R = 1/4 \sqrt{n} \cdot \left(\frac{a-1}{a}\right) \cdot \left(\frac{k}{1+k}\right)$$

$$n = \left(\frac{1+k}{k}\right)^2 \cdot n_{有效}$$

$$R = 1/4 \sqrt{n_{有效}} \cdot \left(\frac{a-1}{a}\right)$$

由分离度基本方程式可看出：

（1）分离度与柱效的关系（柱效因子 n），分离度与 n 的平方根成正比。

（2）分离度与容量比的关系（容量因子 k），$k>10$ 时，$k/(k+1)$ 的改变不大，对 R 的改进不明显，反而使分析时间在延长。因此 k 值的最佳范围是 $1<k<10$，在此范围内，既可得到大的 R 值，亦可使分析时间不至于过长，使峰的扩展不会对检测发生太严重影响。

（3）分离度与柱选择性的关系（选择因子 α），α 大，柱选择性越好，分离效果越好。分离度从 1.0 增加至 1.5，对应于各 α 值所需的有效理论塔板数大致增加一倍。

第四节　色谱定性方法

色谱的优点是能对多种组分的混合物进行分离分析,这是光谱、质谱法所不能的。但由于能用于色谱分析的物质很多,不同组分在同一固定相上色谱峰出现时间可能相同,仅凭色谱峰对未知物定性有一定困难。对于一个未知样品,首先要了解它的来源、性质、分析目的;在此基础上,对样品可由初步估计,再结合已知纯物质或有关的色谱定性参考数据,用一定的方法进行定性鉴定。

一、利用保留值定性

1. 已知物对照法

各种组分在给定的色谱柱上都有确定的保留值,可以作为定性指标。即通过比较已知纯物质和未知组分的保留值定性。如待测组分的保留值与在相同色谱条件下测得的已知纯物质的保留值相同,则可以初步认为它们是属同一种物质。由于两种组分在同一色谱柱上可能有相同的保留值,只用一根色谱柱定性,结果不可靠。可采用另一根极性不同的色谱柱进行定性,比较未知组分和已知纯物质在两根色谱柱上的保留值,如果都具有相同的保留值,即可认为未知组分与已知纯物质为同一种物质。

利用纯物质对照性,首先要对试样的组分有初步了解,预先准备用于对照的已知纯物质(标准对照品)。该方法简便,是色谱定性中最常用的定性方法。

2. 相对保留值法

对于一些组成比较简单的已知范围的混合物或无已知物时,可选定一基准物按文献报道的色谱条件进行实验,计算两组分的相对保留值:

$$r_{is} = \frac{t'_{R_i}}{t'_{R_s}} = \frac{K_i}{K_s}$$

式中:i 为未知组分;s 为基准物。并与文献值比较,若二者相同,则可认为是同一物质(r_{is} 仅随固定液及柱温变化而变化)。可选用易于得到的纯品,而且与被分析组分的保留值相近的物质作基准物。

3. 保留指数法

$$I_x = 100 \left(z + \frac{\lg t'_{R(x)} - \lg t'_{R(z)}}{\lg t'_{R(z+1)} - \lg t'_{R(z)}} \right)$$

式中:I_x 为待测组分的保留指数;$z, z+1$ 为相邻两个正构烷烃的碳数。

规定正己烷、正庚烷及正辛烷等的保留指数为 600、700、800，其他类推。

在有关文献给定的操作条件下，将选定的标准和待测组分混合后进行色谱实验（要求被测组分的保留值在两个相邻的正构烷烃的保留值之间）。由上式计算得出待测组分 x 的保留指数 I_x，再与文献值对照，即可定性。

二、联用技术进行定性

色谱对多组分复杂混合物的分离效率很高，但定性却很困难。而质谱、红外光谱和核磁共振等是鉴别未知物的有力工具，但要求所分析的试样组分很纯。因此，将色谱与质谱、红外光谱、核磁共振谱联用，复杂的混合物先经色谱分离成单一组分后，再利用质谱仪、红外光谱仪或核磁共振谱仪进行定性。未知物经色谱分离后，质谱可以很快地给出未知组分的相对分子质量和电离碎片，提供是否含有某些元素或基团的信息。红外光谱也可很快得到未知组分所含各类基团的信息，对结构鉴定提供可靠的论据。近年来，随着电子计算机技术的应用，大大促进了色谱法与其他联用技术的发展。

第五节　色谱定量方法

一、定量校正因子

相同色谱条件下，某一种组分 i 产生的色谱响应值（峰面积 A_i 或峰高 h_i）与这一组分的质量 m_i 成正比，即：

$$m_i = f_i \cdot A_i \quad 或 \quad m_i = f_i \cdot h_i$$

式中，f_i 为组分 i 在该检测器上的响应斜率，也称为定量校正因子。

色谱定量分析是基于被测物质的量与其峰面积的正比关系。但是由于同一检测器对不同的物质具有不同的响应值，所以两个相等量物质出的峰面积往往不相等，这样就不能用峰面积来直接计算物质的含量。为了使检测器产生的响应信号能真实地反映物质的含量，就要对响应值进行校正，因此引入"定量校正因子"（quantitative calibration factor）。

二、几种常用的定量计算方法

1. 归一化法

假设试样中有 n 个组分，每个组分的质量分别为 $m_1, m_2, \cdots, m_n$，各组分含量的总和 m 为 100%，由于组分的量与其峰面积成正比，如果样品中所有组分都能产生信号,得到相应的色谱峰,那么可以用如下归一化公式计算各组分的含量。

$$C_i\% = \frac{A_i f_i}{A_1 f_1 + A_2 f_2 + A_3 f_3 + \cdots + A_n f_n} \times 100\% = \frac{A_i f_i}{\sum A_i f_i} \times 100\%$$

若样品中各组分的校正因子相近,可将校正因子消去,直接用峰面积归一化进行计算。中国药典用不加校正因子的面积归一化法测定药物中各杂质及杂质的总量限度。

$$C_i\% = \frac{A_i}{A_1 + A_2 + A_3 + \cdots + A_n} \times 100\%$$

归一化法的优点是:简便、准确、定量结果与进样量重复性无关(在色谱柱不超载的范围内),操作条件略有变化时对结果影响较小。

缺点是:必须所有组分在一个分析周期内都流出色谱柱,而且检测器对它们都产生信号。不适于微量杂质的含量测定。

2. 外标法

用待测组分的纯品作对照物质,以对照物质和样品中待测组分的响应信号相比较进行定量的方法称为外标法。用对照物质配制一系列浓度的对照品溶液确定工作曲线,求出斜率、截距。在完全相同的条件下,准确进样与对照品溶液相同体积的样品溶液,根据待测组分的信号,从标准曲线上查出其浓度,或用回归方程计算。

外标法方法简便,不需用校正因子,不论样品中其他组分是否出峰,均可对待测组分定量。但此法的准确性受进样重复性和实验条件稳定性的影响。

3. 内标法

选择样品中不含有的纯物质作为对照物质加入待测样品溶液中,以待测组分和对照物质的响应信号对比,测定待测组分含量的方法称为内标法。"内标"的由来是因为标准(对照)物质加入到样品中,有别于外标法。该对照物质称为内标物。

在一个分析周期内不是所有组分都能流出色谱柱(如有难气化组分),或检测器不能对每个组分都产生信号,或只需测定混合物中某几个组分的含量时,可采用内标法。

准确称量 W 克样品,再准确称量 W_s 克内标物,加入至样品中,混匀,进样。测量待测组分 i 的峰面积 A_i 及内标物的峰面积 A_s,则 i 组分在 W 克样品中所含的重量 W_i,与内标物的重量 W_s,有下述关系:

$$\frac{W_i}{W_s} = \frac{A_i f_i}{A_s f_s}$$

待测组分 i 在样品中的百分含量 $C_i\%$ 为：

$$C_i\% = \frac{A_i f_i}{A_s f_s} \cdot \frac{W_s}{W} \times 100\%$$

对内标物的要求：① 内标物是原样品中不含有的组分，否则会使峰重叠而无法准确测量内标物的峰面积；② 内标物的保留时间应与待测组分相近，但彼此能完全分离（$R \geqslant 1.5$）；③ 内标物必须是纯度合乎要求的纯物质。

内标法的优点是：① 在进样量不超限（色谱柱不超载）的范围内，定量结果与进样量的重复性无关；② 只要被测组分及内标物出峰，且分离度合乎要求，就可定量，与其他组分是否出峰无关；③ 很适用于测定药物中微量有效成分或杂质的含量。由于杂质（或微量组分）与主要成分含量相差悬殊，无法用归一化法测定含量，用内标法则很方便。

加一个与杂质量相当的内标物。加大进样量突出杂质峰，测定杂质峰与内标峰面积之比，即可求出杂质含量。但样品配制比较麻烦和内标物不易找寻是其缺点。

思考题

1. 当下列参数改变时，是否会引起分配系数的改变？为什么？
   （1）柱长缩短　　　　（2）固定相改变　　　　（3）流动相流速增加

2. 当下列参数改变时，是否会引起分配比的变化？为什么？
   （1）柱长增加　　　　（2）固定相量增加　　　　（3）流动相流速减小

3. 色谱柱柱长增加，其他条件不变时，会发生变化的参数有　　　（　　）
   A. 选择性　　　　B. 分配系数　　　　C. 保留时间

4. 衡量固定相选择性的参数是　　　（　　）
   A. 相对保留值　　　　B. 分配系数　　　　C. 分配比

5. 根据范弟姆特方程式，在高流速情况下，影响柱效的因素主要是
   （　　）
   A. 传质阻力　　　　　　　　B. 纵向扩散
   C. 涡流扩散　　　　　　　　D. 柱弯曲因子

6. 对于某一组分来说，在一定的柱长下，色谱峰的宽度主要决定于组分在色谱柱中的　　　（　　）
   A. 保留值　　　　　　　　B. 扩散速度
   C. 分配比　　　　　　　　D. 理论塔板数

7. 对于一对较难分离的组分,现分离效果不理想,为了提高它们的色谱分离效果,最好采用的措施为　　　　　　　　　　　　（　　）

    A. 改变载气流速　　　　　　　B. 改变固定液

    C. 改变载体　　　　　　　　　D. 改变载气性质

8. 速率理论方程式 $H = A + B/u + Cu$ 中三项按顺序分别称为　（　　）

    A. 传质阻力项、分子扩散项、涡流扩散项

    B. 分子扩散项、传质阻力项、涡流扩散项

    C. 涡流扩散项、分子扩散项、传质阻力项

    D. 传质阻力项、涡流扩散项、分子扩散项

9. 适用于试样中所有组分全出峰和不需要所有组分全出峰的两种色谱定量方法分别是　　　　　　　　　　　　　　　　　（　　）

    A. 标准曲线法和归一化法　　B. 内标法和归一化法

    C. 归一化法和内标法　　　　D. 内标法和标准曲线法

10. 色谱定量分析中,为什么要用定量校正因子?

11. 计算:已知某组分峰的峰底宽为 40 s,保留时间为 400 s,计算此色谱柱的理论塔板数。

12. 塔板理论的主要内容是什么?它对色谱理论有什么贡献?它有哪些不足?

13. 速率理论的主要内容是什么?它对色谱理论有什么贡献?

14. 色谱定量常用哪些方法?简述它们的主要优缺点。

15. 丙烯和丁烯的混合物进入气相色谱柱得到如下数据:计算:① 丁烯的分配比是多少? ② 丙烯和丁烯的分离度是多少?

组分	保留时间/min	峰宽/min
空气	0.5	0.2
丙烯(P)	3.5	0.8
丁烯(B)	4.8	1.0

项目 7　气相色谱法(GC)

主要内容

　　1. GC 的分类、特点、分离原理。

　　2. GC 固定相的选择。

　　3. 色谱操作条件的选择。

重点与难点

　　1. GC 的分离原理。

　　2. GC 固定相的选择。

　　3. 色谱法操作条件的选择。

任务要求

　　有机磷农药作为广谱杀虫剂,曾广泛使用于农牧业生产中,因此对食品中的有机磷农药残留量进行监控对保障消费者身体健康极为重要。如何对食品中的有机磷农药进行定量分析呢?

第一节　气相色谱分离操作条件的选择

　　气相色谱法是利用气体作为流动相的一种色谱法。在此法中,载气(是不与被测物作用,用来载送试样的惰性气体,如氢气、氮气、氦气等)载着欲分离的试样通过色谱柱中的固定相,使试样中各组分分离,然后分别检测。气体黏度小,传质速率高,渗透性强,有利于高效快速地分离。气相色谱法具有选择性高、灵敏度高、分离效能高、分析速度快、应用范围广等特点。气相色谱能分离性质极为相近的物质,如有机物中的顺、反异构体和手性物质;可以分析 $10^{-11} \sim 10^{-13}$ g 的物质,非常适合于微量和痕量物质分析;几分钟到几十分钟即可完成一个分析周期。

　　气相色谱可以分析气体、易挥发的液体和固体。一般来说,只要沸点在 500 ℃ 以下,且在操作条件下热稳定性良好的物质,原则上均可以采用气相色谱法进行分析。气相色谱要求样品气化,因此不适用于大部分沸点高和热不稳定的化合物,大约有 15%～20% 的有机物能用气相色谱法进行分析。

一、载气及其流速的选择

对一定的色谱柱和试样,有一个最佳的载气流速,此时柱效最高,根据下式:

$$H = A + B/u + Cu$$

用在不同流速下的塔板高度 H 对流速 u 作图,得 $H\text{-}u$ 曲线图,如图 1-23 所示。在曲线的最低点,塔板高度 H 最小,此时柱效最高。该点所对应的流速即为最佳流速 u,由 H 最小可求得:

$$u_{最佳} = \sqrt{\frac{B}{C}}$$

此时, $H_{最小} = A + 2\sqrt{BC}$。

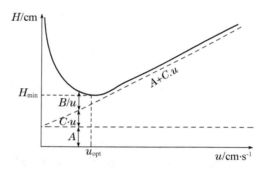

图 1-23 气相色谱的 $H\text{-}u$ 曲线图

当流速较小时,分子扩散项(B)就成为色谱峰扩张的主要因素,此时应采用相对分子质量较大的载气(N_2、Ar),使组分在载气中有较小的扩散系数。而当流速较大时,传质项(C)为控制因素,宜采用相对分子质量较小的载气(H_2、He),此时组分在载气中有较大的扩散系数,可减小气相传质阻力,提高柱效。

二、柱温的选择

柱温直接影响分离效能和分析速度。首先要考虑到每种固定液都有一定的使用温度。柱温不能高于固定液的最高使用温度,否则固定液挥发流失。

气相色谱分析中,色谱柱的温度控制方式分为恒温和程序升温两种。程序升温色谱法,是指色谱柱的温度按照组分沸程设置的程序连续地随时间线性或非线性逐渐升高,使柱温与组分的沸点相互对应,以使低沸点组分和高沸点组分在色谱柱中都有适宜的保留,色谱峰分布均匀且峰形对称。各组分的保留值可用色谱峰最高处的相应温度即保留温度表示。程序升温具有改进分离、使峰变窄、检测限下降及省时等优点。因此,对于沸点范围很宽的混合物,往往采用程序升温法进行分析。

在气相色谱中多采用程序升温技术解决洗脱色谱的一般问题,而在液相色谱中多采用梯度洗脱技术解决这一问题。

三、固定液的性质和用量

固定液对分离是起决定作用的。一般来说,担体的表面积越大,固定液用量可以越高,允许的进样量也就越多。为了改善液相传质,应使液膜薄一些。固定液液膜薄,柱效能提高,并可缩短分析时间。固定液的配比一般用5∶100 到 25∶100,也有低于 5∶100 的。不同的担体为达到较高的柱效能,其固定液的配比往往是不同的。一般来说,担体的表面积越大,固定液的含量可以越高。

四、担体的性质和粒度

要求担体的表面积大,表面孔径分布均匀。这样,固定液涂在担体表面上成为均匀的薄膜,液相传质就快,柱效就可提高。担体粒度均匀、细小,也有利于柱效提高。但粒度过小,柱压将增大,对操作不利。

五、进样时间和进样量

进样必须快,一般在一秒钟之内。进样时间过长,会增大峰宽,峰变形。进样量一般液体 $0.1 \sim 5~\mu L$,气体 $0.1 \sim 10~mL$,进样太多,会使几个峰叠加,分离不好。

六、气化温度

在保证试样不分解的情况下,适当提高气化温度对分离及定量有利。

第二节　固定相及其选择

一、气-固色谱固定相

在气-固色谱法中作为固定相的吸附剂,常用的有非极性的活性炭、弱极性的氧化铝、强极性的硅胶等。它们对各种气体吸附能力的强弱不同,因而可根据分析对象选用。一些常用的吸附剂及其一般用途均可从有关手册中查得。

二、气-液色谱固定相

1. 担体

担体(载体)应是一种化学惰性、多孔性的颗粒,它的作用是提供一个大的惰性表面,用以承担固定液,使固定液以薄膜状态分布在其表面上。对担体有以下几点要求:

(1) 表面应是化学惰性的,即表面没有吸附性或吸附性很弱,不能与被测物质起化学反应。

(2) 多孔性,即表面积较大,使固定液与试样的接触面较大。

(3) 热稳定性好,有一定的机械强度,不易破碎。

(4) 对担体粒度的要求,一般希望均匀、细小,这样有利于提高柱效。

气-液色谱中所用担体可分为硅藻土型和非硅藻土型两类,处理方法可用酸洗、碱洗、硅烷化等。

2. 固定液

(1) 对固定液的要求

① 挥发性小,在操作温度下有较低蒸气压,以免流失。

② 稳定性好,在操作温度下不发生分解,且呈液体状态。

③ 对试样各组分有适当的溶解能力,否则会被载气带走而起不到分配作用。

④ 具有高的选择性,即对沸点相同或相近的不同物质有尽可能高的分离能力。

⑤ 化学稳定性好,不与被测物质起化学反应。

(2) 固定液的分离特征

固定液的分离特征是选择固定液的基础。固定液的选择,一般根据"相似相溶"原理进行,即固定液的性质和被测组分有某些相似性时,其溶解度就大。如果组分与固定液分子性质(极性)相似,固定液和被测组分两种分子间的作用力就强,被测组分在固定液中的溶解度就大,分配系数就大,也就是说,被测组分在固定液中溶解度或分配系数的大小与被测组分和固定液两种分子之间相互作用的大小有关。

分子间的作用力包括静电力、诱导力、色散力和氢键力等。

（3）固定液的选择

① 分离非极性物质，一般选用非极性固定液，这时试样中各组分按沸点次序先后流出色谱柱，沸点低的先出峰，沸点高的后出峰。

② 分离极性物质，选用极性固定液，这时试样中各组分主要按极性顺序分离，极性小的先流出色谱柱，极性大的后流出色谱柱。

③ 分离非极性和极性混合物时，一般选用极性固定液，这时非极性组分先出峰，极性组分（或易被极化的组分）后出峰。

④ 对于能形成氢键的试样，如醇、酚、胺和水等的分离。一般选择极性的或是氢键型的固定液，这时试样中各组分按与固定液分子形成氢键的能力大小先后流出，不易形成氢键的先流出，最易形成氢键的最后流出。

任务分析与解决

1. 任务分析

气相色谱火焰光度检测器对含硫、磷的有机小分子化合物具有很高的灵敏度，因而广泛应用于食品与环境中有机磷农残的定性定量分析。

2. 任务解决

（1）样品制备

火腿样品 500 g，粉碎机粉碎，混合均匀，试样经乙腈振荡提取，以凝胶色谱柱净化。

（2）仪器和设备

气相色谱仪：配有火焰光度检测器（磷滤光片 525 nm），旋转蒸发器，凝胶净化成品柱（GPC）：25 mm（内径）×400 mm；填料：Bio-Beads，S-X3，38～75 μm（在使用前需先做淋洗曲线），恒温振荡器。

（3）测定

色谱条件：色谱柱：石英毛细管柱，DB-1701，30 m×0.53 mm（内径）×1.0 μm（膜厚），载气：氮气（纯度大于 99.999%）；载气流速 10 mL/min；尾吹气流速：30 mL/min；氢气流速：75 mL/min；空气流速：100 mL/min。柱温：初始温度 150 ℃，保持 2 min，以 8 ℃/min 升至 270 ℃ 保持 18 min；进样口温度：250 ℃；检测器温度：250 ℃；进样方式：不分流进样；进样量：2 μL。

色谱测定：根据样品中被测有机磷农药的含量，选定峰面积相近的标准工作溶液。标准工作溶液和样液中各种有机磷的响应值均应在仪器的线性范围内。

（4）结果计算

用色谱数据处理机或按下式计算试样中各种有机磷的残留含量，计算结果需扣除空白值。

$$X=\frac{A\times c\times V}{A_S\times m}$$

式中：X 为试样中各种有机磷残留量，单位为毫克每千克（mg/kg）；A 为样液中各种有机磷的峰面积；A_S 为标准工作液中各种有机磷的峰面积；c 为标准工作液中各种有机磷的浓度，单位为微克每毫升（μg/mL）；V 为样液最终定容体积，单位为毫升（mL）；m 为最终样液代表的试样质量，单位为克（g）。

思考题

1. 适合于植物中挥发油成分分析的方法是 （ ）
  A. 原子吸收光谱法   B. 红外光谱法
  C. 液相色谱法   D. 气相色谱法

2. 下列方法中，哪个不是气相色谱定量分析方法？ （ ）
  A. 峰面积测量   B. 峰高测量
  C. 标准曲线法   D. 相对保留值测量

3. 气相色谱仪分离效率的好坏主要取决于何种部件？ （ ）
  A. 进样系统   B. 分离柱
  C. 热导池   D. 检测系统

4. 在气相色谱分析中，用于定量分析的参数是 （ ）
  A. 保留时间   B. 保留体积
  C. 半峰宽   D. 峰面积

5. 下列因素中，对气相色谱分离效率最有影响的是 （ ）
  A. 柱温   B. 载气的种类
  C. 柱压   D. 固定液膜厚度

6. 分析甜菜萃取液中痕量的含氯农药宜采用 （ ）
  A. 热导池检测器   B. 氢火焰离子化检测器
  C. 电子捕获检测器   D. 火焰光度检测器

7. 气相色谱分析中，选择固定液的基本原则是什么？

项目8　高效液相色谱法(HPLC)

主要内容

1. 高效液相色谱法(HPLC)的基本原理及高效液相色谱法的类型。

2. HPLC 固定相与流动相的选择。

重点与难点

1. 高效液相色谱法的特点、分离原理。

2. 液相色谱分离模式的选择。

任务要求

莫能菌素是一种抗生素,主要用于畜禽养殖过程中防治球虫病等。兽药在畜产食品中的残留将会对消费者的身体健康造成不良影响。如何对该类药物进行定性定量分析呢?

第一节　概　述

高效液相色谱法(HPLC)是 20 世纪 60 年代末发展起来的一种新型分离分析技术,已成为化学、生物化学与分子生物学、农业、环保、商检、药检、法检等学科领域与专业最为重要的分离分析技术。它在技术上采用了高压泵、高效(化学键合)固定相和高灵敏度检测器,具备高压、高速、高效的特点。液相色谱法开始阶段是用大直径的玻璃管柱在室温和常压下用液位差输送流动相,称为经典液相色谱法。此方法柱效低、时间长(常有几个小时)。高效液相色谱法(high performance liquid chromatography, HPLC)是在经典液相色谱法的基础上,于 60 年代后期引入了气相色谱理论而迅速发展起来的。它与经典液相色谱法的区别是填料颗粒小而均匀,小颗粒具有高柱效,但会引起高阻力,需用高压输送流动相,故又称高压液相色谱法。

与气相色谱法相比,液相色谱法不受样品挥发性和热稳定性及相对分子质量的限制,只要求把样品制成溶液即可,非常适合于分离生物大分子、离子型化合物、不稳定的天然产物及其他各种高分子化合物等。此外,液相色谱的流动相不仅起到使样品沿色谱柱移动的作用,而且与固定相一样,与样品分子发生选择性的相互作用,这就为控制和改善分离条件提供了一个额外的可变因素。

一、HPLC 的特点和优点

1. HPLC 的特点

(1) 高压　压力可达 $150 \sim 300 \text{ kg/cm}^2$。色谱柱每米降压为 75 kg/cm^2 以上。

(2) 高速　流速为 $0.1 \sim 10.0 \text{ mL/min}$。

(3) 高效　可达 5 000 塔板每米。在一根柱中同时分离成分可达 100 种。

(4) 高灵敏度　紫外检测器灵敏度可达 0.01 ng。同时消耗样品少。

2. HPLC 与经典液相色谱相比的优点

(1) 速度快　通常分析一个样品在 $15 \sim 30 \text{ min}$,有些样品甚至在 5 min 内即可完成。

(2) 分辨率高　可选择固定相和流动相以达到最佳分离效果。

(3) 灵敏度高　紫外检测器可达 0.01 ng,荧光和电化学检测器可达 0.1 pg。

(4) 柱子可反复使用　用一根色谱柱可分离不同的化合物。

(5) 样品量少,容易回收　样品经过色谱柱后不被破坏,可以收集单一组分或做制备。

二、液相色谱的分类

高效液相色谱法按分离机制的不同分为液-固吸附色谱法、液-液分配色谱法(正相与反相)、离子交换色谱法、离子对色谱法及分子排阻色谱法。

1. 液-固色谱法

使用固体吸附剂,被分离组分在色谱柱上,分离原理是根据固定相对组分吸附力大小不同而分离。分离过程是一个吸附-解吸附的平衡过程。常用的吸附剂为硅胶或氧化铝,粒度 $5 \sim 10 \text{ } \mu m$。适用于分离相对分子质量 $200 \sim 1 000$ 的组分,大多数用于非离子型化合物,离子型化合物易产生拖尾。常用于分离同分异构体。

2. 液-液色谱法

使用将特定的液态物质涂于担体表面,或化学键合于担体表面而形成的固定相,分离原理是根据被分离的组分在流动相和固定相中溶解度不同而分离。分离过程是一个分配平衡过程。由于涂布式固定相很难避免固定液流失,现在已很少采用。目前多采用的是化学键合固定相,如 C_{18}、C_8、氨基柱、氰基柱和苯基柱。

液液色谱法按固定相和流动相的极性不同可分为正相色谱法和反相色谱法。

(1) 正相色谱法　采用极性固定相(如聚乙二醇、氨基与腈基键合相);流动相为相对非极性的疏水性溶剂(烷烃类如正己烷、环己烷),常加入乙醇、异丙醇、四氢呋喃、三氯甲烷等以调节组分的保留时间。常用于分离中等极性和极性较强的化合物(如酚类、胺类、羰基类及氨基酸类等)。

(2) 反相色谱法　一般用非极性固定相(如 C_{18}、C_8);流动相为水或缓冲液,常加入甲醇、乙腈、异丙醇、丙酮、四氢呋喃等与水互溶的有机溶剂以调节保留时间。适用于分离非极性和极性较弱的化合物。反相色谱法在现代液相色谱中应用最为广泛,据统计,它占整个 HPLC 应用的 80% 左右。

随着柱填料的快速发展,反相色谱法的应用范围逐渐扩大,现已应用于某些无机样品或易解离样品的分析。为控制样品在分析过程的解离,常用缓冲液控制流动相的 pH。但需要注意的是,C_{18} 和 C_8 使用的 pH 通常为 2.5~7.5 (2~8),太高的 pH 会使硅胶溶解,太低的 pH 会使键合的烷基脱落。有报告新商品柱可在 pH 1.5~10 范围操作。

3. 离子交换色谱法

固定相是离子交换树脂,常用苯乙烯与二乙烯交联形成的聚合物骨架,在表面末端芳环上接上羧基、磺酸基(称阳离子交换树脂)或季氨基(阴离子交换树脂)。被分离组分在色谱柱上分离原理是树脂上可电离离子与流动相中具有相同电荷的离子及被测组分的离子进行可逆交换,根据各离子与离子交换基团具有不同的电荷吸引力而分离。离子交换色谱法主要用于分析有机酸、氨基酸、多肽及核酸。

4. 离子对色谱法

又称偶离子色谱法,是液液色谱法的分支。它是根据被测组分离子与离子对试剂离子形成中性的离子对化合物后,在非极性固定相中溶解度增大,从而使其分离效果改善。主要用于分析离子强度大的酸碱物质。

离子对色谱法常用 ODS 柱(即 C_{18}),流动相为甲醇-水或乙腈-水,水中加入 3~10 mmol/L 的离子对试剂,在一定的 pH 范围内进行分离。被测组分保留时间与离子对性质、浓度、流动相组成及其 pH、离子强度有关。

5. 排阻色谱法

固定相是有一定孔径的多孔性填料,流动相是可以溶解样品的溶剂。相对分子质量小的化合物可以进入孔中,滞留时间长;相对分子质量大的化合物不能进入孔中,直接随流动相流出。它利用分子筛对相对分子质量大小不同的各组分排阻能力的差异而完成分离。常用于分离高分子化合物,如组织提取物、多肽、蛋白质、核酸等。

第二节　HPLC 的固定相与流动相

在色谱分析中,如何选择最佳的色谱条件以实现最理想分离,是色谱工作者的重要工作,也是用计算机实现 HPLC 分析方法建立和优化的任务之一。在高效液相色谱中,液体的扩散系数仅为气体的万分之一,则速率方程中的分子扩散项 B/U 较小,可以忽略不计,即:

$$H = A + Cu$$

液相色谱 H-u 曲线与气相色谱的形状不同,如图 1-24 所示。高效液相色谱中,主要的影响因素是传质阻力。因此可通过减小固定相填料颗粒直径、降低流动相黏度来提高色谱柱效能。

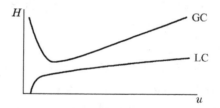

图 1-24　液相色谱的 H-u 曲线图

一、基质(担体)

HPLC 填料可以是陶瓷性质的无机物基质,也可以是有机聚合物基质。无机物基质主要是硅胶和氧化铝。有机聚合物基质主要有交联苯乙烯-二乙烯苯、聚甲基丙烯酸酯。

1. 硅胶

硅胶是 HPLC 填料中最普遍的基质。除具有高强度外,还提供一个表面,可以通过成熟的硅烷化技术键合上各种配基,制成反相、离子交换、疏水作用、亲水作用或分子排阻色谱用填料。硅胶基质填料适用于广泛的极性和非极性溶剂。缺点是在碱性水溶性流动相中不稳定。

2. 氧化铝

具有与硅胶相同的良好物理性质，也能耐较大的 pH 范围。它也是刚性的，不会在溶剂中收缩或膨胀。但与硅胶不同的是，氧化铝键合相在水性流动相中不稳定。不过现在已经出现了在水相中稳定的氧化铝键合相，并显示出优秀的 pH 稳定性。

3. 聚合物

以高交联度的苯乙烯-二乙烯苯或聚甲基丙烯酸酯为基质的填料是用于普通压力下的 HPLC，它们的压力限度比无机填料低。苯乙烯-二乙烯苯基质疏水性强。使用任何流动相，在整个 pH 范围内稳定，可以用 NaOH 或强碱来清洗色谱柱。甲基丙烯酸酯基质本质上比苯乙烯-二乙烯苯疏水性更强，但它可以通过适当的功能基修饰变成亲水性的。

二、化学键合固定相

将有机官能团通过化学反应共价键合到硅胶表面的游离羟基上而形成的固定相称为化学键合相。这类固定相的突出特点是耐溶剂冲洗，并且可以通过改变键合相有机官能团的类型来改变分离的选择性。

1. 键合相的性质

目前，化学键合相广泛采用微粒多孔硅胶为基体，用烷烃二甲基氯硅烷或烷氧基硅烷与硅胶表面的游离硅醇基反应，形成 Si—O—Si—C 键形的单分子膜而制得。硅胶表面的硅醇基密度约为 5 个/nm^2，由于空间位阻效应（不可能将较大的有机官能团键合到全部硅醇基上）和其他因素的影响，使得大约有 $40\% \sim 50\%$ 的硅醇基未反应。

2. 键合相的种类

化学键合相按键合官能团的极性分为极性和非极性键合相两种。

常用的极性键合相主要有氰基（—CN）、氨基（—NH$_2$）和二醇基（DiOL）键合相。极性键合相常用作正相色谱，混合物在极性键合相上的分离主要是基于极性键合基团与溶质分子间的氢键作用，极性强的组分保留值较大。极性键合相有时也可作反相色谱的固定相。

常用的非极性键合相主要有各种烷基（C$_1$～C$_{18}$）和苯基、苯甲基等，以 C$_{18}$ 应用最广。非极性键合相的烷基链长对样品容量、溶质的保留值和分离选择性都有影响，一般来说，样品容量随烷基链长增加而增大，且长链烷基可使溶质的保留值增大，并常常可改善分离的选择性；但短链烷基键合相具有较高的覆盖度，分离极性化合物时可得到对称性较好的色谱峰。苯基键合相与短链烷基键合相的性质相似。

3. 固定相的选择

分离中等极性和极性较强的化合物可选择极性键合相。氰基键合相对双键异构体或含双键数不等的环状化合物的分离有较好的选择性。氨基键合相具有较强的氢键结合能力,对某些多官能团化合物如甾体、强心甙等有较好的分离能力;氨基键合相上的氨基能与糖类分子中的羟基产生选择性相互作用,故被广泛用于糖类的分析,但它不能用于分离羰基化合物,如甾酮、还原糖等,因为它们之间会发生反应生成 Schiff 碱。二醇基键合相适用于分离有机酸、甾体和蛋白质。

分离非极性和极性较弱的化合物可选择非极性键合相。利用特殊的反相色谱技术,例如反相离子抑制技术和反相离子对色谱法等,非极性键合相也可用于分离离子型或可离子化的化合物。ODS(octadecyl silane)是应用最为广泛的非极性键合相,它对各种类型的化合物都有很强的适应能力。短链烷基键合相能用于极性化合物的分离,而苯基键合相适用于分离芳香化合物。

三、流动相

1. 流动相的性质要求

一个理想的液相色谱流动相溶剂应具有低黏度、与检测器兼容性好、易于得到纯品和低毒性等特征。选择流动相时应考虑以下几个方面:

(1)流动相应不改变填料的任何性质。低交联度的离子交换树脂和排阻色谱填料有时遇到某些有机相会溶胀或收缩,从而改变色谱柱填床的性质。碱性流动相不能用于硅胶柱系统。酸性流动相不能用于氧化铝、氧化镁等吸附剂的柱系统。

(2)纯度。色谱柱的寿命与大量流动相通过有关,特别是当溶剂所含杂质在柱上积累时。

(3)必须与检测器匹配。使用 UV 检测器时,所用流动相在检测波长下应没有吸收,或吸收很小。当使用示差折光检测器时,应选择折光系数与样品差别较大的溶剂作流动相,以提高灵敏度。

(4)黏度要低(应小于 2 cp)。高黏度溶剂会影响溶质的扩散、传质,降低柱效,还会使柱压降增加,使分离时间延长。最好选择沸点在 100 ℃以下的流动相。

(5)对样品的溶解度要适宜。如果溶解度欠佳,样品会在柱头沉淀,不但影响了纯化分离,且会使柱子恶化。

(6)样品易于回收。应选用挥发性溶剂。

2. 流动相的选择

在化学键合相色谱法中,溶剂的洗脱能力直接与它的极性相关。在正相色谱中,溶剂的强度随极性的增强而增加;在反相色谱中,溶剂的强度随极性的增强而减弱。正相色谱的流动相通常采用烷烃加适量极性调整剂。

反相色谱的流动相通常以水作基础溶剂,再加入一定量的能与水互溶的极性调整剂,如甲醇、乙腈、四氢呋喃等。极性调整剂的性质及其所占比例对溶质的保留值和分离选择性有显著影响。一般情况下,甲醇-水系统已能满足多数样品的分离要求,且流动相黏度小、价格低,是反相色谱最常用的流动相。但 Snyder 推荐采用乙腈-水系统做初始实验,因为与甲醇相比,乙腈的溶剂强度较高且黏度较小,并可满足在紫外 185～205 nm 处检测的要求,因此,综合来看,乙腈-水系统要优于甲醇-水系统。

在分离含极性差别较大的多组分样品时,为了使各组分均有合适的 k 值并分离良好,也需采用梯度洗脱技术。

3. 流动相的 pH

采用反相色谱法分离弱酸($3 \leqslant pK_a \leqslant 7$)或弱碱($7 \leqslant pK_a \leqslant 8$)样品时,通过调节流动相的 pH,以抑制样品组分的解离,增加组分在固定相上的保留,并改善峰形的技术称为反相离子抑制技术。对于弱酸,流动相的 pH 越小,组分的 k 值越大,当 pH 远远小于弱酸的 pK_a 值时,弱酸主要以分子形式存在;对弱碱,情况相反。分析弱酸样品时,通常在流动相中加入少量弱酸,常用 50 mmol/L 磷酸盐缓冲液和 1‰ 醋酸溶液;分析弱碱样品时,通常在流动相中加入少量弱碱,常用 50 mmol/L 磷酸盐缓冲液和 30 mmol/L 三乙胺溶液。

4. 流动相的脱气

HPLC 所用流动相必须预先脱气,否则容易在系统内逸出气泡,影响泵的工作。气泡还会影响柱的分离效率,影响检测器的灵敏度、基线稳定性,甚至无法检测。例如噪声增大,基线不稳,突然跳动等。此外,溶解在流动相中的氧还可能与样品、流动相甚至固定相(如烷基胺)反应。溶解气体还会引起溶剂 pH 的变化,给分离或分析结果带来误差。

除去流动相中的溶解氧将大大提高 UV 检测器的性能,也将改善在一些荧光检测应用中的灵敏度。常用的脱气方法有:加热煮沸、抽真空、超声、吹氦等。对混合溶剂,若采用抽气或煮沸法,则需要考虑低沸点溶剂挥发造成的组成变化。超声脱气比较好,10～20 min 的超声处理对许多有机溶剂或有机溶剂/水混合液的脱气是足够了(一般 500 mL 溶液需超声 20～30 min),此法不影响溶剂组成。超声时应注意避免溶剂瓶与超声槽底部或壁接触,以免玻璃瓶破裂,容器内液面不要高出水面太多。

离线(系统外)脱气法不能维持溶剂的脱气状态,在停止脱气后,气体立即开始回到溶剂中。在1～4 h内,溶剂又将被环境气体所饱和。

在线(系统内)脱气法无此缺点。最常用的在线脱气法为鼓泡,即在色谱操作前和进行时,将惰性气体喷入溶剂中。严格来说,此方法不能将溶剂脱气,它只是用一种低溶解度的惰性气体(通常是氦)将空气替换出来。此外还有在线脱气机。

一般说来,有机溶剂中的气体易脱除,而水溶液中的气体较顽固。在溶液中吹氦是相当有效的脱气方法,这种连续脱气法在电化学检测时经常使用。但氦气昂贵,难于普及。

5. 流动相的滤过

所有溶剂使用前都必须经0.45 μm(或0.22 μm)滤膜滤过,以除去杂质微粒,色谱纯试剂也不例外(除非在标签上标明"已滤过")。

用滤膜过滤时,特别要注意分清有机相(脂溶性)滤膜和水相(水溶性)滤膜。有机相滤膜一般用于过滤有机溶剂,过滤水溶液时流速低或滤不动。水相滤膜只能用于过滤水溶液,严禁用于有机溶剂,否则滤膜会被溶解! 溶有滤膜的溶剂不得用于HPLC。对于混合流动相,可在混合前分别滤过,如需混合后滤过,首选有机相滤膜。现在已有混合型滤膜出售。

6. 流动相的贮存

流动相一般贮存于玻璃、聚四氟乙烯或不锈钢容器内,不能贮存在塑料容器中。因许多有机溶剂如甲醇、乙酸等可浸出塑料表面的增塑剂,导致溶剂受污染。这种被污染的溶剂如用于HPLC系统,可能造成柱效降低。贮存容器一定要盖严,防止溶剂挥发引起组成变化,也防止氧和二氧化碳溶入流动相。

磷酸盐、乙酸盐缓冲液很易长霉,应尽量新鲜配制使用,不要贮存。如确需贮存,可在冰箱内冷藏,并在3 d内使用,用前应重新滤过。容器应定期清洗,特别是盛水、缓冲液和混合溶液的瓶子,以除去底部的杂质沉淀和可能生长的微生物。因甲醇有防腐作用,所以盛甲醇的瓶子无此现象。

7. 卤代有机溶剂应特别注意的问题

卤代溶剂可能含有微量的酸性杂质,能与HPLC系统中的不锈钢反应。卤代溶剂与水的混合物比较容易分解,不能存放太久。卤代溶剂(如CCl_4、$CHCl_3$等)与各种醚类(如乙醚、二异丙醚、四氢呋喃等)混合后,可能会反应生成一些对不锈钢有较大腐蚀性的产物,这种混合流动相应尽量不采用,或新鲜配制。此外,卤代溶剂(如CH_2Cl_2)与一些反应性有机溶剂(如乙腈)混合静置时,还会产生结晶。总之,卤代溶剂最好新鲜配制使用。如果是和干燥的饱和烷烃混合,则不会产生类似问题。

8. HPLC 用水

HPLC 应用中要求超纯水,如检测器基线的校正和反相柱的洗脱。

四、与气相色谱法比较,HPLC 的优点

(1) 分析对象广。气相色谱只限于分析气体和沸点较低的化合物;HPLC不受样品挥发性和热稳定性的限制,适用于高沸点、热稳定性差、摩尔质量大的物质。原则上讲,几乎可以分析除永久气体外所有的有机和无机化合物。

(2) 流动相对分离起作用。气相色谱的流动相仅起运载作用,对组分不产生相互作用力;HPLC 的流动相对组分产生相互作用力,相当于增加了一个控制和改进分离条件的参数。

(3) 经常在室温条件下操作。气相色谱法一般在较高温度下进行。

任务分析与解决

1. 任务分析

莫能菌素本身没有紫外-可见吸收,但与香兰素反应后生成的衍生物,在520 nm 波长处有最大吸收,因此可利用紫外-可见分光光度法或高效液相色谱-紫外检测器进行分析测定。

2. 任务解决

(1) 样品制备

样品经捣碎机充分捣碎均匀,用甲醇-水溶液提取试样中的莫能菌素,过滤。滤液用二氯甲烷进行液液分配提取。提取液经浓缩并经硅胶小柱净化。用二氯甲烷-甲醇洗脱,洗脱液经浓缩后用甲醇定容,供 HPLC 柱后衍生分析用。

(2) 仪器和设备

高效液相色谱仪:配有紫外检测器和柱后衍生化装置;捣碎机;旋转蒸发器;硅胶小柱等。

(3) 液相色谱条件

色谱柱:μBondapak^{TM}C$_{18}$,300 mm×3.9 mm(内径),5 μm。

流动相:甲醇-水-磷酸(940:60:1),0.7 mL/min。

检测波长:520 nm。

进样量:100 μL。

（4）色谱测定

根据样液中莫能菌素含量的情况选定峰面积相近的标准工作溶液。标准溶液和样液中莫能菌素的响应值均应在仪器检测的线性范围内。在上述色谱条件下莫能菌素衍生物的保留时间约为 6.5 min。

（5）空白试验

除不加试样外，均按上述操作步骤进行。

（6）结果计算和表述

按下式计算试样中莫能菌素的残留含量：

$$X = \frac{A \cdot c \cdot V}{A_s \cdot m}$$

式中：X 为试样中莫能菌素的残留含量，mg/kg；A 为样液中莫能菌素衍生物的峰面积，mm^2；A_s 为标准工作液中莫能菌素衍生物的峰面积，mm^2；c 为标准工作液中莫能菌素的浓度，$\mu g/mL$；V 为样液最终定容体积，mL；m 为最终样液所代表的试样量，g。

注：计算结果需扣除空白值。

思考题

1. 液相色谱中，影响色谱峰展宽的主要因素是　　　　　　　　　　（　　）

    A. 纵向扩散　　　　　　　　　　B. 涡流扩散

    C. 传质阻力　　　　　　　　　　D. 柱前展宽

2. 对于能迅速溶于水的试样，宜选用的液相色谱是　　　　　　　　（　　）

    A. 正相液液色谱　　　　　　　　B. 反相液液色谱

    C. 液固吸附色谱　　　　　　　　D. 空间排阻色谱

3. 对溶于水或非水溶剂，分子大小有差别的试样，宜选用的液相色谱是

                                              （　　）

    A. 液液色谱　　　　　　　　　　B. 液固色谱

    C. 空间排阻色谱　　　　　　　　D. 离子交换色谱

4. 对于能溶于酸性或碱性水溶液的试样，宜选用的液相色谱是　　（　　）

    A. 液液色谱　　　　　　　　　　B. 液固色谱

    C. 空间排阻色谱　　　　　　　　D. 离子交换色谱

5. 在液相色谱中，提高柱效的途径有哪些？其中最有效的途径是什么？

6. 气相色谱分析中的程序升温和液相色谱中的梯度洗脱有哪些异同点？

仪器应用篇

项目1 紫外-可见分光光度计

用来研究吸收、发射或荧光的电磁辐射的强度和波长的关系的仪器叫做光谱仪或分光光度计。这类仪器一般包括五个基本单元：光源、单色器、样品容器、检测器和读出器件，如图2-1所示。

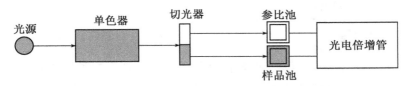

图2-1 分光光度计一般结构

第一节 仪器结构流程

一、光源

光谱分析中，光源必须具有足够的输出功率和稳定性。由于光源辐射功率的波动与电源功率的变化成指数关系，因此往往需用稳压电源以保证稳定，或者用参比光束的方法来减少光源输出的波动对测定所产生的影响。光源有连续光源和线光源等。一般连续光源主要用于分子光谱中。连续光源有紫外光源，主要是采用氢灯、氘灯或氙灯；可见光源，常用的是钨丝灯、卤钨灯；红外光源，常用的是硅碳棒、能斯特灯等。线光源主要用于原子光谱中，线光源有金属蒸气灯，常见的是汞或钠蒸气灯、空心阴极灯，用于原子吸收光谱中，还有激光光源。

二、单色器

光学分析仪器几乎都有单色器，它的作用是将复合光分解成单色光或有一定宽度的谱带。单色器由入射光狭缝和出射光狭缝、准直镜以及色散元件所组成。其中色散元件是最主要的部件，色散元件有棱镜和光栅两种。由于光栅的色散能力和分辨本领均大大优于棱镜，所以现在的光学分析仪器已大部分采用光栅色散元件。配备单色器的光学分析仪器称为色散型的仪器,现代一些精密仪器利用光的干涉原理制成仪器,称为干涉型的仪器,如傅里叶变换红外光谱仪。

三、样品容器

盛放样品的容器必须由光透明的材料制成。在紫外光区工作时,采用石英材料;在可见光区工作时,则用硅酸盐玻璃材料;在红外光区工作时,则可根据不同的波长范围选择不同材料(主要有碱金属或碱土金属的卤化物)的晶体,制成样品池的窗口。

四、检测器

在光学分析仪器中,用光电转换器件作为检测器。这类检测器必须在一个宽的波长范围内对辐射有响应,在辐射能量较低时响应应灵敏,对辐射的响应速度要快,响应信号要容易放大,噪声水平要低,而更重要的是响应信号应与照射光的强度呈线性关系。检测器可分为两类:一类为对光子有响应的光检测器,如硒光电池、光电管(也称真空光电二极管)、光电倍增管、半导体检测器和硅二管阵列检测器等;另一类为对热产生响应的热检测器,这种检测器用于红外光谱法,利用红外光的热效应使检测器产生响应信号,如真空热电偶、测热辐射计、高莱池和热释电检测器等。

五、读出装置

由检测器将光信号转换为电信号并经放大后,可用检流计、微安表、记录仪、数字显示器或阴极射线显示器显示或记录测定结果。

第二节 仪器的检验与维护保养

一、分光光度计的检验

为了保证测试结果的准确可靠,分光光度计应该定期进行检验。其检验主要包括以下几个方面。

1. 波长准确度的检验

通常在实验室工作中,验收新仪器或实验室使用过一段时间后都要进行波长校正和吸光度校正。例如机械振动、温度变化、灯丝变形、灯座松动等原因,经常会产生刻度盘上的读数,与实际通过溶液的波长不符合的现象,因此导致仪器灵敏度降低,影响测定结果的精度,需要经常进行检验。在可见光区检验波长准确度最简便的方法就是绘制镨钕滤光片的吸收光谱曲线。镨钕滤光片的吸收峰为 528.7 nm 和 807.7 nm。如果测出峰的最大吸收波长与仪器标示值相差±3 nm 以上,则需要细微调整波长刻度来校正螺丝。但是如果测出值相差大于±10 nm,则需要重新调整雾灯灯泡位置,或找相关部门检修单色器的光学系统。紫外光区用苯蒸气的吸收光谱曲线来检查。如果实测结果与苯的标准光谱曲线不一致,表示仪器有波长误差,需要加以调整。

2. 透射比正确度的检验

透射比的正确度通常用硫酸铜、重铬酸钾等溶液来进行检查。

3. 稳定度的检验

在光电管不受光的条件下,用零点调节器调至零点,观察 3 min,读取透射比的变化,即为零点稳定度。

在仪器测量波长范围两端中间靠 10 nm 处,例如仪器工作波长范围为 360～800 nm,则在 370 nm 和 790 nm 处,调零点后,盖上样品室盖,使光电管受光,调透射比为 95%(数显仪器调至 100%),观察 3 min,读取透射比的变化,即为光电流稳定度。

4. 吸收池配套性检验

在定量工作中,尤其是在紫外光区测定时,需要对吸收池做校准及配套工作,以消除吸收池的误差,提高测量的准确度。

在实际工作中可以采取下面较为简单的方法进行配套检验:用铅笔在洗净的吸收池毛面外壁编号并标注光路走向。在吸收池中分别装入测定用溶剂,以其中一个为参比,测定其他吸收池的吸光度。若测定的吸光度为零或两个吸收池吸光度相等,即为配套吸收池。若不相等,可以选出吸光度值最小的吸收池为参比,测定其他吸收池的吸光度,求出修正值。测定样品时,将待测溶液装入校正过的吸收池,测量其吸光度,所测得的吸光度减去该吸收池的修正值为此待测溶液真正的吸光度。

二、分光光度计的维护和保养

分光光度计是精密光学仪器,正确安装、使用和保养对保持仪器良好的性能和保证测试的准确度有重要作用。

1. 仪器工作环境要求

分光光度计应安装在稳固的工作台上(周围不应有强磁场,以防电磁干扰),室内温度宜保持在 15 ℃～28 ℃。室内应该干燥,相对湿度宜控制在 45％～65％,不应超过 70％。室内应无腐蚀性气体(如 SO_2、NO_2 及酸雾等),应与化学分析室隔开,室内光线不宜过强。

2. 仪器保养和维护方法

仪器工作电源一般为 220 V,允许±10％的电压波动。为保持光源灯和检测系统的稳定性,在电源电压波动较大的实验室,最好配备稳压器。为了延长光源使用寿命,在不使用时不要开光源灯。如果光源灯亮度明显减弱或不稳定,应及时更换新灯。更换后要调节好灯丝位置,不要用手直接接触窗口或灯泡,避免油污黏附,若不小心接触过,要用无水乙醇擦拭。单色器是仪器的核心部分,装在密封盒内,不能拆开,为防止色散元件受潮发霉,必须经常更换单色器盒干燥剂。正确使用吸收池,保护吸收池光学面。光电转换元件不能长时间曝光,应避免强光照射或受潮积尘。

思考题

光谱法的仪器通常由哪几部分组成? 它们的作用是什么?

附录:紫外-可见分光光度计使用说明

普析通用 TU－1901 双光束紫外-可见分光光度计

一、开机

依次打开打印机、计算机,Windows 完全启动后,打开主机电源。

二、仪器初始化

在计算机窗口上双击 图标,仪器进行自检,大约需要 4 min。如果自检各项都" 确定 ",进入工作界面,预热半小时后,便可任意进入以下操作。

文件(F) 编辑(E) 测量(R) 图形(G) 数字计算(M) 管理(A) 工具(T) 应用(P) 窗口(W) 帮助(H)

波长定位　0.00　nm　开始　停止　0.000　Abs　校零　基线

三、光度测量

1. 参数设置

单击 按钮,进入光度测量。单击 ,设置光度测量参数,具体输入:

① 波长数;② 相应波长值(从长波到短波);③ 测光方式(一般为 Abs 或 T%);④ 重复测量次数,是否取平均值,单击 确定 退出设置参数。

2. 校零

单击 校零 ,将两个样品池中都放入参比溶液,单击 确定 。校完后,取出外池参比溶液。

3. 测量

倒掉取出的参比溶液,放入样品溶液,单击"开始";即可测出样品的 Abs 值。

四、光谱扫描

1. 参数设置

单击 ,进入光谱扫描。单击 ,设置光谱扫描参数:① 波长范围(先输长波再输短波);② 测光方式(一般为 Abs 或 T%);③ 扫描速度(一般为中速);④ 采样间隔(一般为 1 nm 或 0.5 nm);⑤ 记录范围(一般为 0~1)。单击 确定 退出参数设置。

2. 基线校正

单击 基线 ,将两个样品池中都放入参比溶液,单击 确定 ,校完后单击 确定 存入基线,取出参比溶液。

3. 扫描

倒掉取出的参比溶液,放入样品单击开始进行扫描,当扫描完毕后,单击 检出图谱的峰、谷波长值及 Abs 值。

五、定量测量

1. 参数设置

单击 ,进入定量测量;单击 ,设置具体参数:① 测量模式(一般为单波长);② 输入测量波长;③ 选择曲线方式(一般为 $C = K0A + K1\cdots$);单击 确定 退出参数设置。

2. 校零

将两个样品池中都放入参比溶液,单击 校零 ,校完后取出外池参比溶液。

3. 测量标准样品

将鼠标移动到标准样品测量表格,倒掉取出的参比溶液,放入一号标准样品,单击 ⊙ 开始,输入相应的标液浓度。依次类推,将所配标准样品测完。检查标准曲线相关系数 R^2 值情况,一般应为 $R^2 \geqslant 0.999$ 以上标准曲线方可使用。

4. 未知样品测定

将鼠标移动到未知样品测量表格,单击。

放入待测未知样品,将鼠标移动到未知样品测量窗口,单击 ⊙ 开始

确定,即可测出样品浓度。

六、关机

测量完成后,点击波长定位按钮,将波长定位到 500 nm 后,退出紫外软件操作系统,依次关掉主机电源、计算机、打印机电源,盖上所配仪器罩,防止灰尘进入仪器。

注意:本规程的狭缝均设置为 2 nm。

项目2　红外光谱仪的认识与使用

第一节　红外光谱仪的类型与结构

一、红外吸收光谱仪的类型

测定红外吸收的仪器有三种类型:光栅色散型分光光度计,主要用于定性分析;傅里叶变换红外光谱仪,适宜进行定性和定量分析;非色散型光度计,用来定量测定大气中各种有机物质。

在20世纪80年代以前,广泛应用光栅色散型红外分光光度计。随着傅里叶变换技术引入红外光谱仪,使其具有了分析速度快、分辨率高、灵敏度高以及很好的波长精度等优点。但因它的价格、仪器的体积及常常需要进行机械调节等问题而在应用上受到一定程度的限制。近年来,因傅里叶变换光谱仪器体积的减小,操作稳定、易行,一台简易傅里叶红外光谱仪的价格与一般色散型的红外光谱仪相当。由于上述种种原因,目前傅里叶红外光谱仪已在很大程度上取代了色散型。

1. 色散型红外分光光度计

色散型红外分光光度计和紫外-可见分光光度计相似,也是由光源、单色器、试样室、检测器和记录仪等组成。由于红外光谱非常复杂,大多数色散型红外分光光度计一般都是采用双光束,这样可以消除 CO_2 和 H_2O 等大气气体引起的背景吸收,其结构如图2-2所示。自光源发出的光对称地分为两

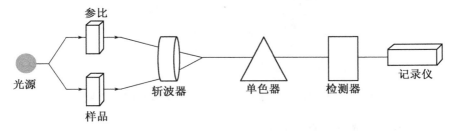

图2-2　红外分光光度计一般结构

束：一束为试样光束，透过试样池；另一束为参比光束，透过参比池后通过减光器。两光束再经半圆扇形镜调制后进入单色器，交替落到检测器上。在光学零位系统里，只要两光的强度不等，就会在检测器上产生与光强差呈正比的交流信号电压。由于红外光源的低强度以及红外检测器的低灵敏度，以至需要用信号放大器将信号放大。

一般来说，色散型红外分光光度计的光学设计与双光束紫外-可见分光光度计没有很大的区别。除对每一个组成部分来说，它的结构、所用材料及性能等与紫外-可见光度计不同外，它们最基本的一个区别是前者的参照和试样室总是放在光源和单色器之间，后者则是放在单色器的后面。试样被置于单色器之前，一是因为红外辐射没有足够的能量引起试样的光化学分解，二是可使抵达检测器的杂散辐射量（来自试样和吸收池）减至最小。

2. 傅里叶变换红外光谱仪

傅里叶变换红外光谱仪（fourier transform infrared spectrometer，FT-IR）是20世纪70年代问世的，被称为第三代红外光谱仪。傅里叶变换红外光谱仪是由红外光源、干涉计（迈克尔逊干涉仪）、试样插入装置、检测器、计算机和记录仪等部分构成。其光源为硅碳棒和高压汞灯，与色散型红外分光光度计所用的光源是相同的。迈克尔逊干涉仪按其动镜移动速度不同，可分为快扫描和慢扫描型。慢扫描型迈克尔逊干涉仪主要用于高分辨光谱的测定，一般的傅里叶红外光谱仪均采用快扫描型的迈克尔逊干涉仪。计算机的主要作用包括控制仪器操作、从检测器截取干涉谱数据、累加平均扫描信号、对干涉谱进行相位校正和傅里叶变换计算、处理光谱数据等。图2-3为天津港东科技傅里叶变换红外光谱仪。

图2-3 天津港东科技 FTIR-650 傅里叶变换红外光谱仪

傅里叶变换光谱仪有如下优点：

（1）**多路优点** 傅里叶变换红外光谱仪在取得光谱信息上与色散型分光

光度计不同的是采用干涉仪分光。在带狭缝的色散型分光光度计以 t 时间检测一个光谱分辨单元的同时,干涉仪可以检测 M 个光谱分辨单元,显然后者在取得光谱信息的时间上比常规分光光度计节省 $(M-1)t$,即记录速度加快了 $(M-1)$ 倍,其扫描速度较色散型快数百倍。这样不仅有利于光谱的快速记录,而且还会改善信噪比。不过这种信噪比的改善是以检测器的噪音不随信号水平增高而同样增高为条件。红外检测器是符合这个要求的,而光电管和光电倍增管等紫外-可见光检测器则不符合这个要求,这使傅里叶变换技术难以用于紫外-可见光区。光谱的快速记录使傅里叶变换红外光谱仪特别适于与气相色谱、高效液相色谱仪联接使用,也可用来观测瞬时反应。

(2)辐射通量大　为了保证一定的分辨能力,色散型红外分光光度计需用合适宽度的狭缝截取一定的辐射能。经分光后,单位光谱元的能量相当低。而傅里叶变换红外光谱仪没有狭缝的限制,辐射通量只与干涉仪的表面大小有关,因此在同样分辨率的情况下,其辐射通量比色散型仪器大得多,从而使检测器接收到的信号和信噪比增大,因此有很高的灵敏度,检测限可达 $10^{-9}\sim10^{-2}$ g。由于这一优点,使傅里叶变换红外光谱仪特别适于测量弱信号光谱。

(3)波数准确度高　由于将激光参比干涉仪引入迈克逊干涉仪,用激光干涉条纹准确测定光程差,从而使傅里叶红外光谱仪在测定光谱上比色散型测定的波数更为准确。波数精度可达 0.01 cm^{-1}。

(4)杂散光低　在整个光谱范围内杂散光低于 0.3%。

(5)可研究很宽的光谱范围　一般的色散型红外分光光度计测定的波长范围为 $4\,000\sim400$ cm^{-1},而傅里叶变换红外光谱仪可以研究的范围包括了中红外和远红外光区,即 $1000\sim10$ cm^{-1}。这对测定无机化合物和金属有机化合物是十分有利的。

(6)具有高的分辨能力　一般色散型仪器的分辨能力为 $1\sim0.2$ cm^{-1},而傅里叶变换仪一般就能达到 0.1 cm^{-1},甚至可达 0.005 cm^{-1}。因此可以研究因振动和转动吸收带重叠而导致的气体混合物的复杂光谱。

此外,傅里叶红外光谱仪还适于微少试样的研究。它是近代化学研究不可缺少的基本设备之一。

3. 非色散型红外光度计

非色散型红外光度计是用滤光片,或者用滤光劈代替色散元件,甚至不用波长选择设备(非滤光型)的一类简易式红外流程分析仪。由于非色散型仪器结构简单、价格低廉,尽管它们仅局限于气体或液体分析,仍然是一种最通用的分析仪器。滤光型红外光度计主要用于大气中各种有机物质。如:卤代烃、光气、氢氰酸、丙烯腈等的定量分析。非滤光型的光度计用于单一组分的气流监测。如:气体混合物中的一氧化碳,在工业上用于连续分析气体试样中的杂质监测。显然,这些仪器主要适于在被测组分吸收带的波长范围以内,其他组分没有吸收或仅有微弱的吸收时,进行连续测定。

二、红外光源和检测器

对测定红外吸收光谱的仪器,都需要能发射连续红外辐射的光源和灵敏的红外检测器。

1. 光源

红外光源是通过加热一种惰性固体产生辐射。炽热固体的温度一般为 $1\,500\sim2\,200$ K,最大辐射强度在 $5\,000\sim5\,900$ cm^{-1} 之间。目前在中红外区较实用的红外光源主要有硅碳棒和能斯特灯。

硅碳棒由碳化硅烧结而成。其辐射强度分布偏向长波,工作温度一般为 $1\,300\sim1\,500$ K。硅碳棒发光面积大,价格便宜,操作方便,使用波长范围较能斯特灯宽。

能斯特灯主要由混合的稀土金属(锆、钍、铈)氧化物制成。其工作温度一般在 $1\,750$ ℃。能斯特灯使用寿命较长,稳定性好,在短波范围使用比硅碳棒有利。但其价格较贵,操作不如硅碳棒方便。

2. 检测器

红外光区的检测器一般有两种类型:热检测器和光导电检测器。红外光谱仪中常用的热检测器有热电偶、辐射热测量计、热电检测器等。热电偶和辐射热测量计主要用于色散型分光光度计中,而热电检测器主要用于中红外傅里叶变换光谱仪中。

红外光电导检测器是由一层半导体薄膜,如硫化铅、汞/镉碲化物,或者锑化铟等沉积到玻璃表面组成,抽真空并密封以与大气隔绝。当这些半导体材料吸收辐射后,使某些价电子成为自由电子,从而降低了半导体的电阻。

第二节　试样的制备

要获得一张高质量的红外光谱图,除了仪器本身的因素外,还必须有合适的试样制备方法。下面分别介绍气态、液态和固态试样制备方法。

一、气体试样

气体试样一般都灌注于玻璃气槽内进行测定。它的两端黏合有能透红外光的窗片。窗片的材质一般是 NaCl 或 KBr。进样时,一般先把气槽抽成真空,然后再灌注试样。

二、液体试样

1. 液体池的种类

液体池的透光面通常是用 NaCl 或 KBr 等晶体做成。常用的液体池有三种,即厚度一定的密封固定池,其垫片可自由改变厚度的可拆池以及用微调螺丝连续改变厚度的密封可变池。通常根据不同的情况,选用不同的试样池。

2. 液体试样的制备

(1) 液膜法　在可拆池两窗之间,滴上 $1 \sim 2$ 滴液体试样,使之形成一薄的液膜。液膜厚度可借助于池架上的固紧螺丝作微小调节。该法操作简便,适用对高沸点及不易清洗的试样进行定性分析。

(2) 溶液法　将液体(或固体)试样溶在适当的红外溶剂中,如 CS_2、CCl_4、$CHCl_3$ 等,然后注入固定池中进行测定。该法特别适于定量分析。此外,它还能用于红外吸收很强、用液膜法不能得到满意谱图的液体试样的定性分析。在采用溶液去时,必须特别注意红外溶剂的选择。要求溶剂在较宽的范围内无吸收,试样的吸收带尽量不被溶剂吸收带所干扰。此外,还要考虑溶剂对试样吸收带的影响(如形成氢键等溶剂效应)。

三、固体试样

固体试样的制备,除前面介绍的溶液法外,还有粉末法、糊状法、压片法、薄膜法、发射法等,其中尤以糊状法、压片法和薄膜法最为常用。

1. 糊状法

该法是把试样研细,滴入几滴悬浮剂,继续研磨成糊状,然后用可拆池测定。常用的悬浮剂是液体石蜡油,它可减小散射损失,并且自身吸收带简单,但不适于研究与石蜡油结构相似的饱和烷烃。

2. 压片法

这是分析固体试样应用最广的方法。通常用 300 mg 的 KBr 与 $1 \sim 3$ mg 固体试样共同研磨;在模具中用 $(5 \sim 10) \times 10^7$ Pa 压力的油压机压成透明的片后,再置于光路进行测定。由于 KBr 在 $400 \sim 4\,000$ cm^{-1} 光区不产生吸收,因此可以绘制全波段光谱图。除用 KBr 压片外,也可用 KI、KCl 等压片。

3. 薄膜法

该法主要用于高分子化合物的测定。通常将试样热压成膜,或将试样溶解在沸点低易挥发的溶剂中,然后倒在玻璃板上,待溶剂挥发后成膜。制成的膜直接插入光路即可进行测定。

思考题

1. 红外光谱分析法对试样有何要求?
2. 固体试样的制备方法有哪些?

附录:傅里叶变换红外光谱仪使用说明

天津港东科技 FTIR - 650 傅里叶变换红外光谱仪

一、安全操作注意事项和特别提示

1. 日常保养:当位于仪器上的湿度指示卡变成粉色时,应该立即更换干燥剂。包括位于光谱仪仓内的干燥剂。若仪器长时间不用,则必须至少每两星期更换一次干燥剂,并且每周至少开启主机一次,每次开机时间不低于 4 小时。

再生干燥剂:将干燥剂放入烘箱中,用 110 ℃至少烘烤 4 小时,冷却后放入干燥器皿待用。

2. 模具的清洁:压片模具用完后,应先用软纸轻擦掉残留的固体,再用相溶的溶剂清洗(如样品易溶于水,则用水清洗;如样品易溶于有机溶剂,则用乙醇或甲苯清洗),肉眼观察已无固体残留后再用蒸馏水冲洗三次。清洁完的模具放于红外灯下照射干燥 1 小时,然后放入干燥器内保存。

3. 红外光谱仪器清洁:样品分析前应确保样品室内硅胶干燥,无残留的样品粉末;进行样品分析时应避免样品粉尘污染仪器;样品分析结束后,用软纸清洁样品室,确保无粉尘或液体污染,用软布清洁仪器外表,确保无污渍或粉尘。

4. 样品测定完毕,须保持红外光谱仪器和模具的清洁,并将样品移出样品仓(如有需要可将样品放入干燥器内保存),关好仪器、电脑及水、电、门窗等。

二、开机

1. 按仪器后侧的电源开关,开启仪器,加电后,开始一个自检过程,约 30 秒。仪器加电后至少要等待 15 分钟,等电子部分和光源稳定后,才能进行测量。

2. 开启电脑,运行操作软件。检查电脑与仪器主机通讯是否正常。

3. 红外光谱仪器需在每天使用前进行校正,检查仪器工作是否正常,若不正常需要查找原因并进行相应的处理,正常后方可进行测量。

单击"采集"菜单下的"实验设置",选择"诊断"观察各项是否正常(不正常时会出现红色"❌"图标),各项正常后选择"光学台",在"光学台窗格"中观察增益值,确保增益值在可接受范围内,如不在此范围内,则需要调整仪器。

4. 仪器稳定后,进行测量。

三、测量步骤

1. 准备样品

对溴化钾的质量要求:用溴化钾制成空白片,以空气作参比,录制光谱图,基线应大于 75%,透光率除在 3 440 cm^{-1} 及 1 630 cm^{-1} 附近因残留或附着水而呈现一定的吸收峰外,其他区域不应出现大于基线 3% 透光率的吸收谱带。

每次做样取适量的 KBr 于称量瓶中,在红外灯下烘 1 小时或在恒温 105 ℃ 下烘 3 小时,取出后置干燥器中待用。

溴化钾压片法:取供试品约 0.3 mg(预先在红外灯下烘 1 小时或在恒温 105 ℃ 下干燥 3 小时,特殊供试品需用其他方法进行干燥),置玛瑙研钵中,加入干燥的溴化钾(溴化钾与供试品的比例应按照具体要求进行混合),充分研磨混匀(向同一方向研磨),移置于压模中,使分布均匀,把压模水平放置于压片机座上,加压至 10 t/cm^2,保持 3 分钟(压力大小与保持时间应根据实际需要进行调整),取出供试片,用目视检查应均匀,表面平滑,透光好。

浆糊法:取干燥供试品约 15 mg,置玛瑙研钵中,同一方向研磨。用滴管滴加相当量的石蜡油,混合研匀使成糊状,用不锈钢小铲取出均匀地涂在溴化钾窗片上,放上另一窗片压紧。

2. 采集背景:单击"采集"菜单下的"采集背景",出现采集背景提示框,把样品从样品室中取出,将空白片插进去,单击"确定",开始采集背景。

3. 采集样品:单击"采集"菜单下的"采集样品",出现采集样品提示框,把空白片从样品室中取出,将样品插进去。单击"确定",开始采集样品。

4. 采集结束后,计算机会自动扣除背景,最后光谱窗上显示样品的红外光谱图。

5. 对该谱图进行相应的数据处理。

四、关机

1. 退出 FTIR 软件操作系统。

2. 按仪器后侧电源开关,关闭仪器。

3. 移走样品仓中的样品,确保样品仓清洁。

4. 清洁光谱仪和模具。

5. 关闭计算机。

6. 做好仪器使用记录。

项目 3　原子吸收分光光度计

第一节　原子吸收分光光度计结构

原子吸收分光光度计主要由光源、原子化器、分光器、检测系统等几部分组成。基本构造如图 2-4 所示,包括锐线光源(空心阴极灯或无极放电灯)、火焰或石墨炉原子化器、单色仪和光电检测系统结构。常配备有背景校正(如氘灯、塞曼效应、自吸收效应扣除背景),自动调零,曲线校直,标尺扩展,自动进样等装置。

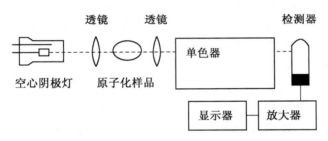

图 2-4　原子吸收分光光度计示意图

一、光源

光源的功能是发射待测元素的特征共振辐射。对光源的基本要求是:

(1) 为了保证峰值吸收的测量,要求发射的共振辐射的半宽度要明显小于吸收线的半宽度。

(2) 辐射强度大、背景低,低于特征共振辐射强度的 1%。

(3) 稳定性好,30 min 之内漂移不超过 1%;噪声小于 0.1%。

(4) 使用寿命长。

空心阴极灯、无极放电灯、蒸气放电灯和激光光源灯都能满足上述要求,其中应用较广泛的是空心阴极灯和无极放电灯。而空心阴极灯是能满足上述各项要求的理想的锐线光源,应用最广。

空心阴极灯由被测元素材料制成的空心阴极和一个由钛、锆、钽或其他材料制作的阳极。阴极和阳极封闭在带有光学窗户的硬质玻璃管内,管内充有压强为 2～10 mmHg 的惰性气体氖或氩,其作用是产生离子撞击阴极,使阴极材料发光,空心阴极灯的结构见图 2-5。

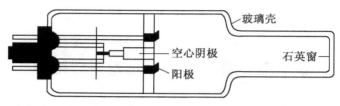

图 2-5　空心阴极灯结构示意图

空心阴极灯放电是一种特殊形式的低压辉光放电,放电集中于阴极空腔内。当在两极之间施加几百伏电压时,便产生辉光放电。通电后,在电场作用下,电子在从阴极飞向阳极的途中,与载气原子碰撞并使之电离,放出二次电子,使电子与正离子数目增加,以维持放电。正离子从电场获得动能,向阴极表面猛烈轰击,撞击后,金属原子从晶格中溅射出来。除溅射作用之外,阴极受热也要导致阴极表面元素的热蒸发。溅射与蒸发出来的原子进入空腔内,再与电子、原子、离子等发生第二次碰撞而受到激发,发射出相应元素的特征共振线。

在实际工作中,应选择适合的工作电源。使用灯电源过小,放电不稳定;灯电源过大,溅射作用增加,原子蒸气密度增大,谱线变宽,甚至引起自吸,导致测定灵敏度降低,灯寿命缩短。空心阴极灯的优点是发射的光强度高且稳定,谱线宽度窄,灯容易换;缺点是原子吸收分析中每测一种元素需换一个灯,很不方便,现在也制成多元素空心阴极灯,但发射强度低于单元素灯,而且如果金属组合不当,易产生光谱干扰,因此使用尚不普遍。

二、原子化系统

原子化系统在原子吸收分析中很关键。原子化系统的功能是提供能量,使试样干燥、蒸发、浓缩、结晶、解离,将待测元素变成气态的基态原子使其原子化。在原子吸收光谱分析中,试样中被测元素的原子化是整个分析过程的关键环节。实现原子化的方法,最常用的有两种:火焰原子化法,是原子光谱分析中最早使用的原子化方法,至今仍在广泛地被应用;非火焰原子化法,其中应用最广的是石墨炉电热原子化法,具体见第一部分项目 4 相关介绍。

1. 火焰原子化器

火焰原子化法中,常用的预混合型火焰原子化器,如图2-6所示。这种原子化器由雾化器、预混合室和燃烧器组成。试样溶液经喷雾与燃气和助燃剂混合进入火焰燃烧实现原子化。

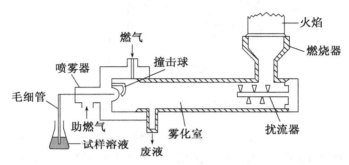

图2-6 火焰原子化器结构示意图

雾化器是关键部分,其作用是将试液雾化,雾化器的性能对原子吸收分析的精密度、灵敏度和化学干扰等有影响,因此雾化器的雾化效率要高、喷雾稳定、物粒细小而且均匀。当具有一定压力的压缩空气作为助燃气进入雾化器后,在毛细管外壁与喷嘴口形成环形间隙中,形成负压区,从而试液沿毛细管吸入并被高速气流分散成小雾滴。喷出的雾滴经过节流管撞到距离毛细管喷口前端几毫米处的撞击球上,进一步分散成更小的雾滴。雾化器的雾化效率,是单位时间内被雾化成细雾,参与原子化反应的试液体积,与该时间内消耗试液的总体积之比,这类雾化器的雾化效率一般为10%~30%。

预混合的作用是进一步使雾滴细化,并使之与燃料气均匀混合后进入到火焰。较大的雾滴在室内凝聚为大的液滴沿室壁流入泄液管排走,通入废液收集瓶中并加水封,从而能够使进入火焰的雾滴在混合室内充分混合以减少它们进入火焰时对火焰的扰动,也避免燃料气逸出造成失火事故。

燃烧器的作用是产生火焰,使进入火焰的雾滴蒸发和原子化。因此,原子吸收分析的火焰应有足够高的温度,能有效地蒸发和分解试样,并使被测元素原子化。此外,火焰应该稳定、背景发射和噪声低、燃烧安全。

2. 非火焰原子化器

常用的非火焰原子化器是管式石墨炉原子化器,其结构如图2-7所示。

管式石墨炉原子化器由加热电源、保护气控制系统和石墨管状炉组成。仪器启动后,加热电源供给原子化器能量,电流通过石墨管产生高温高热,最

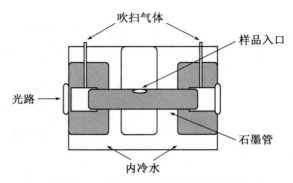

图 2-7　石墨炉原子化器结构示意图

高温度可达到 3 000 ℃。保护气控制系统是控制保护气的,保护气 Ar 气流通,空烧完毕,切断 Ar 气流。外气流中的 Ar 气沿石墨管外壁流动,以保护石墨管不被烧蚀,内气路中 Ar 气从管两端流向管中心,由管中心孔流出,以有效地除去在干燥和灰化过程中产生的基本蒸汽,同时保护已原子化了的原子不再被氧化。在原子化阶段,停止通气,以延长原子在吸收区的平均停留时间,避免对原子蒸气的稀释。石墨炉原子化器的操作分为干燥、灰化、原子化和净化四步。相对于火焰原子化方法,石墨炉原子化法是在惰性气体保护下于强还原性介质内进行的,有利于氧化物分解和自由原子的生成。样品用量小,原子化效率高,原子在吸收区内平均停留时间较长,灵敏度高,液体和固体试样均可直接进样。缺点是试样组成不均匀性影响较大,有强的背景吸收,测定精密度不如火焰原子法。

三、分光系统

分光系统是由入射和出射狭缝、反射镜和色散元件组成,其作用是将所需要的共振吸收线分离出来。分光系统的关键部分是色散元件,现在商品仪器都是使用光栅。由于使用锐线光源,原子吸收分光光度计对分光器的分辨率要求不高。采用 Mn279.5 nm 和 Mn279.8 nm 代替 Ni 三线来检定分辨率。光栅放置在原子化器之后,以阻止来自原子化器内的所有不需要的辐射进入检测器。

四、检测系统

原子吸收分光光度计的检测系统主要由检测器、放大器、对数变换器和显示装置组成。检测器是主要装置,目前广泛使用的是光电倍增管,将单色器分出的光信号转换成电信号。为与光源调制同步，放大器多采用同步检波放大器。

目前国内外商品化的原子吸收分光光度计几乎都配备了微处理机系统，具有自动调零，曲线校正，浓度直读，标尺扩展，自动增益等性能，并附有记录器、打印机、自动进样器、阴极射线管荧光屏及计算机等装置，大大提高了仪器的自动化和半自动化程度。

第二节　原子吸收分光光度计的类型

原子吸收分光光度计按光束形式可分为单束光和双光束两类，按波道数目又有单道、双道和多道之分。目前使用比较广泛的是单道单光束和单道双光束原子吸收分光光度计。

一、单道单光束型原子吸收分光光度计

"单道"是指仪器只有一个光源，一个单色器，一个显示系统，每次只能测一种元素。"单光束"是指从光源中发出的光仅以单一光束的形式通过原子化器、单色器和检测系统，是单道单光束原子吸收分光光度计光学系统。

这类仪器结构简单，光能在外光路中损失少，操作方便，体积小，价格低廉，能满足一般原子吸收分析的要求。其缺点是不能消除光源波动造成的影响，基线漂移。为使光辐射相对稳定，除要求灯电源电压稳定外，灯电流的波动应小于 $0.1\% \sim 0.05\%$，在分析前需预热空心阴极灯数 10 min。

二、单道双光束型原子吸收分光光度计

"双光束型"是指从光源发出的光被切光器分成两束强度相等的光，一束为样品光束通过原子化器被基态原子部分吸收；另一束只作为参比光束不通过原子化器，其光强度不被减弱。两束光被原子化器后面的反射镜反射后，交替地进入同一单色器和检测器。检测器将接收到的脉冲信号进行光电转换，并由放大器放大，最后由读出装置显示。由于两光束来源于同一个光源，光源的漂移通过参比光束的作用而得到补偿，所以能获得一个稳定的输出信号。不过由于参比光束不通过火焰，火焰扰动和背景吸收影响无法消除。

三、双道单光束型原子吸收分光光度计

"双道单光束"是指仪器有两个不同光源、两个单色器、两个检测显示系

统,而光束只有一路。两种不同元素的空心阴极灯发射出不同波长的共振发射线,两条谱线同时通过原子化器,被两种不同元素的基态原子蒸气吸收,利用两套各自独立的单色器和检测器,对两路光进行分光和检测,同时给出两种元素检测结果。此类仪器一次可测两种元素,并可进行背景吸收扣除。

四、双道双光束型

这类仪器有两个光源,两套独立的单色器和检测显示系统。但每一光源发出的光都被分为两个光束,一束为样品光束,通过原子化器;另一束为参比光束,不通过原子化器。这类仪器可以同时测定两种元素,能消除光源强度波动的影响及原子化系统的干扰,准确度高,稳定性好,但仪器结构复杂。

多道原子吸收分光光度计可作多元素的同时测定。目前美国 PE 公司推出的 SIM6000 多元素同时分析原子吸收光谱仪,以新型四面体中阶梯光栅取代普通光栅单色器,获取二维光谱。以光谱响应的固体检测器替代光电倍增管取得了同时检测多种元素的理想效果。

思考题

1. 原子吸收光谱仪由哪几部分组成,各有何作用?
2. 与火焰原子化相比,石墨炉原子化有哪些优缺点?

附录:原子吸收分光光度计使用说明

普析通用 TAS－990 原子吸收分光光度计

一、开机

依次打开打印机、显示器、计算机电源开关,等计算机完全启动后,打开原子吸收主机电源。

二、仪器联机初始化

1. 在计算机桌面上双击 ▓ AAwin 图标,出现窗口,选择联机方式,点击 确定 ,出现仪器初始化界面。等待 3~5 分钟(联机初始化过程),等初始化各项出现确定后,将弹出 选择元素灯和预热灯窗口 。

2. 依照用户需要选择工作灯和预热灯（双击元素灯位置，可更改所在灯位置上的元素符号）。点击 下一步 ，出现 设置元素测量参数 窗口。

3. 可以根据需要更改光谱带宽、燃气流量、燃烧器高度等参数（一般工作灯电流，预热灯电流和负高压以及燃烧器位置不用更改）。设置完成后点击 下一步 ，出现 设置波长窗口 。

4. 不要更改默认的波长值，直接点击 寻峰 。将弹出寻峰窗口（根据所选元素灯元素不同，整个过程需要时间不同，一般在 1～3 分钟），等寻峰过程完成后，点击 关闭 。点击 下一步 ，点击 完成 。

三、设置样品

点击 样品 ，弹出 样品设置向导窗口 。

1. 选择校正方法（一般为标准曲线法），曲线方程（一般为一次方程）和浓度单位，输入样品名称和起始编号，点击 下一步 。

2. 输入标准样品的浓度和个数（可依照提示增加和减少标准样品的数量），点击 下一步 。

3. 可以选择需要或不需要空白校正和灵敏度校正（一般为不要），然后点击 下一步 。

4. 输入待测样品数量、名称、起始编号以及相应的稀释倍数等信息，点击 完成 。

四、设置参数

点击 参数 ，弹出测量参数窗口。

1. 常规 ：输入标准样品、空白样品、未知样品等的测量次数（测几次计算出平均值），选择测量方式（手动或自动，一般为自动），输入间隔时间和采样延时（一般均为 1 秒），石墨炉没有测量方式和间隔时间以及采样延时的设置。

2. 显示 ：设置吸光值最小值和最大值一般为（0～0.7）以及刷新时间（一般 300 秒）。

3. 信号处理:设置计算方式(一般火焰吸收为连续或峰高,石墨炉多用峰面积),以及积分时间和滤波系数(火焰积分时间一般为1,滤波系数为0.3秒,石墨炉多用5秒和1秒)。

4. 质量控制:(适用于带自动进样的设备)点击 确定 ,退出参数设置窗口。

五、火焰吸收的光路调整

火焰吸收测量方法:点击 仪器 下的 燃烧器参数 ,弹出燃烧器参数设置窗口,输入燃气流量和高度,点击 执行 ,看燃烧头是否在光路的正下方,如果有偏离,更改位置中相应的数字,点击 执行 ,可以反复调节,直到燃烧头和光路平行并位于光路正下方(如不平行,可以通过用手调节燃烧头角度来完成)。点击 确定 ,退出燃烧器参数设置窗口。

六、测量

1. 火焰吸收的测量过程

(1) 依次打开空气压缩机的风机开关,工作开关,调节压力调节阀,使得空气压力稳定在 0.2～0.25 MPa 后,打开乙炔钢瓶主阀,调节出口压力在 0.05～0.06 MPa(点火前后出口压力可能有变化,这里的出口压力在 0.05～0.06 MPa,指点火后的压力),检查水封。点击 ⚡ 点火 (第一次点火时有 点火提示窗口 弹出,点击 确定 将开始点火),等火焰稳定后首先吸喷纯净水。以防止燃烧头结盐。

(2) 点击 测量 下的 测量 , 开始 (或 ▶),吸喷空白溶液 校零 ,依次吸喷标准溶液和未知样品,点击 开始 ,进行测量。测量完成后,点击 终止 ,完成测量,退出测量窗口。挡住火焰探头熄火(如果不再需要继续测量其他元素,请关闭乙炔钢瓶主阀,让火焰自动熄灭),点击 确定 ,退出 熄火提示窗口 ,吸喷纯水 1 分钟,清洗燃烧头,防止燃烧头结盐。

(3) 点击 视图 下的 校正曲线 ,查看曲线的相关系数,决定测量数据的可靠性,进行 💾 保存 或 🖨 打印 处理。

2. 石墨炉测量过程

(1) 打开冷却水,打开氩气钢瓶主阀,调节出口压力在 0.6～0.8 MPa。

（2）光路调整：点击 仪器 下 石墨管 （或 ✎ ），装入石墨管，点击 确定 。点击 仪器 下的 原子化器位置 ，点击两边的箭头改变数字，点击 执行 ，通过反复调节原子化器位置中的数字使吸光值降到最低。点击 确定 退出原子化器位置窗口。用手调节石墨炉炉体高低和角度，使得吸光值最低。

点击 ⚙ 能量 ，点击 自动能量平衡 ，等能量平衡完毕后，点击 关闭 ，退出能量调节窗口。

（3）点击 仪器 下的 石墨炉加热程序 （或点击 ☢ ），弹出 石墨炉加热程序设置窗口 。输入相应的温度和升温时间以及保持时间，一般为四步，分为干燥阶段、灰化阶段、原子化阶段和净化阶段。干燥阶段一般为 100 ℃，灰化阶段、原子化阶段温度设置随待测元素不同而不同，净化阶段要求温度高于原子化阶段温度 50～100 ℃，升温 1 秒保持 1 秒（注意原子化阶段要关闭内气流量，太高的温度将极大地降低石墨管寿命）。

（4）点击 测量 下的 测量 ， 开始 （或 ▶ ），使用微量进样器进样。点击 校零 ， 开始 ，进行测量。完成测量后，点击 终止 ，退出测量窗口。

（5）点击 视图 下的 校正曲线 ，查看曲线的相关系数，决定测量数据的可靠性，进行 💾 保存 或 🖨 打印 处理。

七、关机过程

依次关闭 AAwin 软件、原子吸收主机电源、乙炔钢瓶主阀（ 石墨炉注意关闭氩气钢瓶主阀,冷却水 ）、空压机工作开关，按放水阀，排空压缩机中的冷凝水，关闭风机开关，退出计算机 Window 操作程序，关闭打印机、显示器和计算机电源。盖上仪器罩，检查乙炔、氩气、冷却水是否已经关闭，清理实验室。

八、注意事项

1. 如果开机顺序不对，可能出现 COM 口被占用，无法联机的现象，这时需要关闭原子吸收主机电源开关，重新启动计算机，等待 Windows 完全启动后再开启原子吸收主机电源开关，将联机正常。

2. 开机初始化时，如果在工作灯位置没有元素灯，或原子化器挡光，可能造成初始化过程中的波长电极初始化失败。

工作中：如果工作灯位置上元素灯设置的元素和实际元素灯元素不同，或原子化器挡光,将造成寻峰失败,出现灯能量不足,负高压超上限的提示。

3. 点火前后,乙炔钢瓶压力可能有变化,注意调节出口压力。当燃气流量小于 1 200 时可能点火失败或吸喷溶液后自动熄火,这时需要调高燃气流量到 1 500,再点火。

4. 在使用氘灯扣背景时,有可能出现不点火的现象,这时用东西挡住火焰探头,等喷火后去除挡光物,即可正常工作。

5. 点击 ✐ 元素灯 可以弹出 设置元素测量参数 ,在这窗口下,双击元素灯位置将打开元素周期表,可以根据需要改变灯的元素符号,也用于测量工作中更改工作灯的设置,点击后 ✐ 元素灯 后,按照提示,重复"二:2"步骤执行。

6. ✐ 换灯 的使用:如果要测量的元素,在目前灯座上没有相应的元素灯,需要从灯座上重新插入新的元素灯时,点击 ✐ 换灯 ,将弹出 更换元素灯窗口 ,将新的元素灯插入相应的灯位置上,点击 确定 ,然后点击 元素灯 按照提示,重复"八:5,二:2"步骤执行(目的在于不带电插拔元素灯,以免造成仪器电路的损坏)。

7. 如果寻峰完毕后出现的不是仪器默认的特征峰值,需要点击 仪器 下的 波长定位 (或直接使用键盘上的 F3 键),输入需要的波长值,点击 确定 退出 波长定位窗口 ,再点击 ☀ 能量 ,点击 自动能量平衡 ,等能量平衡完毕后,点击 关闭 ,退出能量调节窗口;再进行测量。

8. 点火和石墨炉状态下进样前必须调整光路。否则影响测量结果。

9. 点击仪器下的测量方法,可以在火焰吸收、火焰发射、氢化物和石墨炉等测量方法间切换。

10. 其他未列举的软件使用技巧等信息,可以在软件帮助菜单下获得。

项目4 分子荧光光度计

荧光分析使用的仪器可分为荧光计和荧光分光光度计两种类型。它们通常均由光源、单色器(滤光片或光栅)、液槽及检测器组成。图2-8为荧光分光光度计示意图。

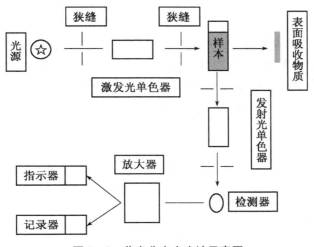

图2-8 荧光分光光度计示意图

由光源发出的激发光,经过第一单色器(激发光单色器),选择最佳波长的光去激发样品池内的荧光物质。荧光物质被激发后,将向四面八方发射荧光。但为了消除激发光及散射光的影响,荧光的测量不能直接对着激发光源,所以,荧光检测器通常是放在与激发光呈直角的方向上。否则,强烈的激发余光会透过液池干扰荧光的测定,甚至会损坏检测器。第二单色器(荧光单色器)的作用是消除荧光液池的反射光、瑞利散射光、拉曼散射光以及其他物质所产生的荧光的干扰,以便使待测物质的特征性荧光照射到检测器上进行光电信号转换,所得到的电信号,经放大后由记录仪记录下来。

一、光源

光源应具有强度大,适应波长范围宽两个特点。常用光源有高压汞灯和氙弧灯。

高压汞灯的平均寿命约为 1 500～3 000 h，荧光分析中常用的是 365 nm、405 nm、436 nm 三条谱线。

氙弧灯（氙灯）是连续光源，发射光束强度大，可用于 200～700 nm 波长范围。在 300～400 nm 波段内，光谱强度几乎相等。

此外，高功率连续可调染料激光光源是一种新型荧光激发光源。激发光源的单色性好，强度大。脉冲激光的光照时间短，并可避免感光物质的分解。

二、单色器

简易的荧光计一般采用滤光片作单色器，由第一滤光片分离出所需要的激发光，用第二滤光片滤去杂散光和杂质所发射的荧光。但这种仪器只能用于荧光强度的定量测定，不能给出荧光的激发与发射光谱。荧光分光光度计最常用的单色器是光栅单色器，它具有较高的分辨率，能扫描光谱；缺点是杂散光较大，有不同的次级谱线干扰，但可用合适的前置滤光片加以消除。

三、样品池

样品池通常是石英材料的方形池，四个面都透光。放入池架中时，要用手拿着棱并规定一个插放方向，免得各透光面被指痕污染或被固定簧片擦坏。

四、狭缝

狭缝越小单色性越好，但光强度和灵敏度下降。当入射狭缝和出射狭缝的宽度相等时，单色器射出的单色光有 75％ 的能量是辐射在有效的带宽内。此时，既有好的分辨率，又保证了光通量。

五、检测器

简易的荧光计可采用目视或硒光电池检测。但一般较精密的荧光分光光度计均采用光电倍增管检测。施加于光电倍增管的电压越高，放大倍数越大，电压每波动 1 V，增益就随之波动 3％，所以，要获得良好的线性响应，要有稳定的高压电源。光电倍增管的响应时间很短，能检测出 10^{-8}～10^{-9} s 的脉冲光。

另外，荧光分光光度计使用的检测器还有光导摄像管。它具有检测效率高、动态范围宽、线性响应好、坚固耐用和寿命长等优点，但其检测灵敏度不如光电倍增管。

六、读出装置

荧光仪器的读出装置有数字电压表、记录仪和阴极示波器等几种。数字电压表用于例行定量分析,既准确、方便又便宜。记录仪多用于扫描激发光谱和发射光谱。阴极示波器显示的速度比记录仪快得多,但其价格比记录仪高得多。

近来仪器的灵敏度趋向于用纯水的拉曼峰的信噪比(S/N)表示,以纯水的拉曼峰高为信号值(S),并固定发射波长,使记录仪器进行时间扫描,以求出仪器的噪声大小(N),用 S/N 值作为衡量仪器灵敏度的指标,其值大多在 $20\sim200$ 之间。水的拉曼峰越高,仪器的噪声越小,S/N 值就越大,仪器对荧光信号的检测就越灵敏。因此,这种方法不但简单易行,而且比较符合实际情况,被人们广泛采用。

思考题

荧光分光光度计与紫外-可见分光光度计在结构上有何异同点?

项目 5　气相色谱仪

第一节　气相色谱仪结构流程

气相色谱仪主要包括载气系统、进样系统、分离系统、检测系统和记录系统五部分,如图 2-9 所示。

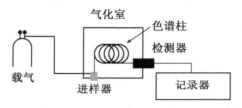

图 2-9　气象色谱仪结构流程

一、载气系统

载气系统包括气源、气体净化、气体流速控制和测量。系统的气密性、载气流速的稳定性以及测量流量的准确性,对色谱结果均有很大的影响,因此必须注意控制。气相色谱中常用的载气有氢气、氮气、氦气和氩气。它们一般都是由相应的高压钢瓶贮装的压缩气源供给。至于选用何种载气,主要取决于选用的检测器和其他一些具体因素。净化器是用来提高载气纯度的装置。净化剂主要有活性炭、硅胶和分子筛、105 催化剂,它们分别用来除去烃类杂质、水分、氧气。

二、进样系统

进样系统包括进样器和气化室(将液体样品瞬间气化为蒸气)两部分。进样的大小、进样时间的长短、试样的气化速度等都会影响色谱的分离效果和分析结果的准确性和重现性。气化室的温度应使试样瞬时气化而又不分解,其温度一般比柱温高 10 ℃～50 ℃。

三、色谱柱和柱箱(分离系统)

分离系统由色谱柱和恒温控制装置组成。色谱柱主要有两类:填充柱和毛细管柱。色谱柱的分离效果除与柱长、柱径和柱形有关外,还与所选用的固定相和柱填料的制备技术以及操作条件等许多因素有关。

四、检测系统

通过选用不同的检测器对信号进行检测,以进行定性和定量分析,包括检测器、控温装置。常见的检测器有热导池检测器(TCD)、氢火焰离子检测器(FID)、电子捕获检测器(ECD)和火焰光度检测器(FPD)。气相色谱的流动相为气体,样品仅在气态时才能被载气携带通过色谱柱,因此,从进样到检测结束为止,都必须控温。同时,温度是气相色谱的重要操作条件之一,直接影响色谱柱的选择性、分离效率和检测器的灵敏度及稳定性。

第二节　气相色谱检测器

检测器分为浓度型检测器和质量型检测器。浓度型检测器:测量的是载气中某组分浓度瞬间的变化,即检测器的响应值和组分的浓度成正比。如热导池检测器和电子捕获检测器等。质量型检测器:测量的是载气中某组分进入检测器的速度变化,即检测器的响应值和单位时间内进入检测器某组分的质量成正比。如氢火焰离子化检测器和火焰光度检测器等。

一、热导池检测器(通用型检测器)

热导池检测器,简称 TCD,是气相色谱法最常用的一种检测器,其检测原理是基于不同的物质具有不同的热导系数。它是一种通用的非破坏性浓度型检测器,特别适用于气体混合物的分析,尤其对于那些氢火焰离子化检测器不能直接检测的无机气体的分析。

二、氢火焰离子化检测器

氢火焰离子化检测器,简称 FID,是一种典型的质量型检测器,对有机化合物具有很高的灵敏度,而对于无机气体、水、四氯化碳等含氢少或不含氢的物质灵敏度低或不响应。该检测器具有结构简单、稳定性好、灵敏度高、响应迅速等特点。比热导检测器的灵敏度高出近 3 个数量级,检测限可达 10^{-12} g/g。

三、电子俘获检测器

电子俘获检测器,简称 ECD,是一种应用广泛的、具有选择性、高灵敏度的浓度型检测器。它的选择性是指只对具有电负性的物质(如含有卤素、硫、磷、氧的物质)有响应,电负性愈强,灵敏度愈高。

四、火焰光度检测器

火焰光度检测器,简称 FPD,是对含磷、含硫的化合物的高选择性和高灵敏度的一种色谱检测器。

思考题

1. 气相色谱仪由哪几部分组成?各有何作用?
2. 气相色谱仪常用的检测器有哪几种?

附录:实验室气相色谱仪使用说明

岛津 GC2014C 气相色谱仪简要操作规程

一、仪器组件

主机(包括双 FID、ECD 检测器)、AOC20I-12 位自动进样器、氮气瓶、空气瓶、氢气瓶、计算机、UPS 电源。

二、开机

1. 打开氮气钢瓶(输出压力 0.7 MPa)、打开 UPS 开关(按 ON),打开主机(打开 GC 右下部电源开关)。打开计算机操作系统。点击操作系统上的 GC-SOLUTION 打开工作站。

2. 开启系统,预热机器,使用 FID 时,待系统就绪后,开启氢气、空气瓶(点火前检查气体发生器是否泄漏),打开气相色谱并手动点火或自动点火(推荐 FID 氢空比约 35 mL:400 mL,FPD 氢空比 50 mL:60 mL),预热至少 30 min。

三、设置参数

1. 设置毛细管柱信息和流速:进行流量设置,首先打开氮气气瓶的总阀,调节压力至 0.5 MPa,打开空气发生器、氢气发生器电源,向气瓶供气;打开流量控制器机壳,调节压力与流量,调节氢气与空气的压力为 50 kPa,载气压力为 70 kPa,总气压为 300 kPa,调节尾吹至 30 mL/min。

2. 设置检测器和进样口温度:按主机键盘"set"键,进行进样口"INJ"和检测器"DET"以及柱温的设置,仪器的最大设置温度为 440 ℃,为了保护柱,不要使最大柱温箱温度超过最大柱温。

3. 设置温度程序:按主机键盘"Col"键,设置柱初始温度和温度程序,温度设置必须在允许的柱温和检测器温度范围之内。

4. 启动 GC 控制:按"SYSTEM"键显示主屏幕,按"启动 GC"键启动 GC 控制,按"MONIT"键确定每一部分温度设置正确。

5. 设置检测器:从"DET"键设置检测器时间常数范围,确定检测器温度升高后点燃 FID 或设置 TCD 电流值。

6. 当所有参数达到其设置值时,状态指示灯变绿,系统准备进行分析。当使用双流路填充柱进样时,显示使用的入口的监控进样屏幕出现。当 GC 准备好时,检测器信号的默认零点参数"零点就绪"出现。

四、开始分析

1. 点击电脑桌面上的在线数据采集工作站"CS-Light Real Time Analysis 1",选择分析类型,设置样品信息以及参数,先填写样品记录,保存途径,再点击开始。

2. 检查基线:观察基线,待其稳定时,即可开始分析。如果有必要,按"零点调节",至检测器零点输出。

3. 直接进样:在注射器中吸入样品,将其注射入 GC 进样口,按"START"键进行分析。

4. 顶空进样:顶空进样的进样管在未进样之前插入 GC 进样口,样品加入到顶空瓶中,放入样品池平衡。按下"吹洗"键,对顶空进样器中的残余气体进样吹洗。待基线平稳后,工作站上点击"样品分析"—"单次进样",设置好样品的 ID 后,点击"确定",仪器进入待机状态,关闭"吹洗"键,取样管插入已平衡好的顶空瓶中,按下"进样"键,听到"嘚"的一声,等待第二声"嘚"响后,快速拔出取样管,工作站采集。

5. 分析完成后,点击桌面上数据分析工作站"CS-Light Postrun Analysis",点击数据资源管理器图标,选择分析图谱的保存途径,双击需要分析的谱图。

6. 在工作站右下角"方法-峰值综合参数"中点击"编辑"设置积分方法与参数,完成之后点击"查看"键。

7. 点击"数据分析",再点击"报告文件"图标,点击菜单栏中"新建"图标,选择新建文件,再点击菜单栏中各项谱图信息,进行排版。

8. 点击"预览"查看排版是否合理、美观,需要的参数是否齐全。排版完成后,点击"打印"。

五、关机

在"SYSTEM"菜单下选择"停止 GC",系统开始降低每一部分温度,当柱温降至 40 ℃以下,进样口与检测器温度降至 70 ℃以下时,方可关闭主机电源。关闭氢气、空气,然后停止载气,这样可以保护柱,选择"停止 GC"前,不要关闭电源。分析完毕,清洗进样针。

项目 6　高效液相色谱仪

HPLC 系统一般由输液泵、进样器、色谱柱、检测器、数据记录及处理装置等组成,如图 2-10 所示。其中输液泵、色谱柱、检测器是关键部件。有的仪器还有梯度洗脱装置、在线脱气机、自动进样器、预柱或保护柱、柱温控制器等,现代 HPLC 仪还有微机控制系统,进行自动化仪器控制和数据处理。制备型 HPLC 仪还备有自动馏分收集装置。

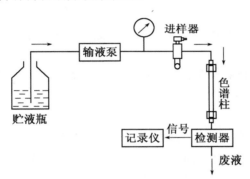

图 2-10　高效液相色谱仪的流程

目前常见的 HPLC 仪器生产厂家国外有 Waters 公司、Agilent 公司(原 HP 公司)、岛津公司等,国内有大连依利特公司、上海分析仪器厂、北京分析仪器厂等。

一、输液泵

1. 泵的构造和性能

输液泵是 HPLC 系统中最重要的部件之一。泵的性能好坏直接影响到整个系统的质量和分析结果的可靠性。输液泵应具备如下性能:① 流量稳定,其 RSD 应<0.5%,这对定性定量的准确性至关重要;② 流量范围宽,分析型应在 0.1~10 mL/min 范围内连续可调,制备型应能达到 100 mL/min;③ 输出压力高,一般应能达到 150~300 kg/cm²;④ 液缸容积小;⑤ 密封性能好,耐腐蚀。泵的种类很多,目前应用最多的是柱塞往复泵。

2. 泵的使用和维护注意事项

为了延长泵的使用寿命和维持其输液的稳定性,必须按照下列注意事项进行操作:

(1) 防止任何固体微粒进入泵体,因为尘埃或其他任何杂质微粒都会磨损柱塞、密封环、缸体和单向阀,因此应预先除去流动相中的任何固体微粒。流动相最好在玻璃容器内蒸馏,而常用的方法是过滤,可采用 Millipore 滤膜 (0.2 μm 或 0.45 μm)等滤器。

(2) 流动相不应含有任何腐蚀性物质,含有缓冲液的流动相不应保留在泵内,尤其是在停泵过夜或更长时间的情况下。

(3) 泵工作时要留心防止溶剂瓶内的流动相被用完,否则空泵运转也会磨损柱塞、缸体或密封环,最终产生漏液。

(4) 输液泵的工作压力决不要超过规定的最高压力,否则会使高压密封环变形,产生漏液。

(5) 流动相应该先脱气,以免在泵内产生气泡,影响流量的稳定性,如果有大量气泡,泵就无法正常工作。

3. 梯度洗脱

HPLC 有等度(isocratic)和梯度(gradient)洗脱两种方式。等度洗脱是在同一分析周期内流动相组成保持恒定,适合于组分数目较少,性质差别不大的样品。梯度洗脱是在一个分析周期内程序控制流动相的组成,如溶剂的极性、离子强度和 pH 等,用于分析组分数目多、性质差异较大的复杂样品。采用梯度洗脱可以缩短分析时间,提高分离度,改善峰形,提高检测灵敏度,但是常常引起基线漂移和降低重现性。

在进行梯度洗脱时,由于多种溶剂混合,而且组成不断变化,因此带来一些特殊问题,必须充分重视。

(1) 要注意溶剂的互溶性,不相混溶的溶剂不能用作梯度洗脱的流动相。有些溶剂在一定比例内混溶,超出范围后就不互溶,使用时更要引起注意。当有机溶剂和缓冲液混合时,还可能析出盐的晶体,尤其使用磷酸盐时需特别小心。

(2) 梯度洗脱所用的溶剂纯度要求更高,以保证良好的重现性。进行样品分析前必须进行空白梯度洗脱,以辨认溶剂杂质峰,因为弱溶剂中的杂质富集在色谱柱头后会被强溶剂洗脱下来。用于梯度洗脱的溶剂需彻底脱气,以防止混合时产生气泡。

(3) 混合溶剂的黏度常随组成而变化,因而在梯度洗脱时常出现压力的变化。例如甲醇和水黏度都较小,当二者以相近比例混合时黏度增大很多,此时的柱压大约是甲醇或水为流动相时的2倍。因此要注意防止梯度洗脱过程中压力超过输液泵或色谱柱能承受的最大压力。

(4)每次梯度洗脱之后必须对色谱柱进行再生处理,使其恢复到初始状态。需让10~30倍柱容积的初始流动相流经色谱柱,使固定相与初始流动相达到完全平衡。

二、进样器

现在大都使用六通进样阀或自动进样器。进样装置要求:密封性好、死体积小、重复性好、保证中心进样、进样时对色谱系统的压力、流量影响小。一般HPLC分析常用六通进样阀,其耐高压,进样量准确,重复性好(0.5%),操作方便。

六通阀使用和维护注意事项:

(1)样品溶液进样前必须用0.45 μm 滤膜过滤,以减少微粒对进样阀的磨损。

(2)转动阀芯时不能太慢,更不能停留在中间位置,否则流动相受阻,使泵内压力剧增,甚至超过泵的最大压力;再转到进样位时,过高的压力将使柱头损坏。

(3)为防止缓冲盐和样品残留在进样阀中,每次分析结束后应冲洗进样阀。通常可用水冲洗,或先用能溶解样品的溶剂冲洗,再用水冲洗。目前多数仪器配有自动进样装置,适用于大量样品的常规分析。

三、色谱柱

色谱是一种分离分析手段,分离是核心,因此担负分离作用的色谱柱是色谱系统的心脏。对色谱柱的要求是柱效高、选择性好、分析速度快等。市售的用于HPLC的各种微粒填料如多孔硅胶以及以硅胶为基质的键合相、氧化铝、有机聚合物微球(包括离子交换树脂)、多孔碳等,其粒度一般为3 μm、5 μm、7 μm、10 μm 等,柱效理论值可达5万~16万/米,因此一般10~30 cm左右的柱长就能满足复杂混合物分析的需要。

1. 柱的构造

色谱柱由柱管、压帽、卡套(密封环)、筛板(滤片)、接头、螺丝等组成。柱管多用不锈钢制成。色谱柱两端的柱接头内装有筛板,是烧结不锈钢或钛合金,孔径0.2~20 μm,取决于填料粒度,目的是防止填料漏出。

2. 柱的使用和维护注意事项

色谱柱的正确使用和维护十分重要,稍有不慎就会降低柱效、缩短使用寿命甚至损坏。在色谱操作过程中,需要注意下列问题,以维护色谱柱。

(1)避免压力和温度的急剧变化及任何机械震动。温度的突然变化或者使色谱柱从高处掉下都会影响柱内的填充状况;柱压的突然升高或降低也会冲动柱内填料,因此在调节流速时应该缓慢进行,在阀进样时阀的转动不能过缓(如前所述)。

(2)应逐渐改变溶剂的组成,特别是反相色谱中,不应直接从有机溶剂改变为全部是水,反之亦然。

(3)一般来说,色谱柱不能反冲,只有生产者指明该柱可以反冲时,才可以反冲除去留在柱头的杂质。否则反冲会迅速降低柱效。

(4)选择使用适宜的流动相(尤其是 pH),以避免固定相被破坏。有时可以在进样器前面连接一预柱,分析柱是键合硅胶时,预柱为硅胶,可使流动相在进入分析柱之前预先被硅胶"饱和",避免分析柱中的硅胶基质被溶解。

(5)避免将基质复杂的样品尤其是生物样品直接注入柱内,需要对样品进行预处理或者在进样器和色谱柱之间连接一保护柱。保护柱一般是填有相似固定相的短柱。保护柱可以而且应该经常更换。

(6)经常用强溶剂冲洗色谱柱,清除保留在柱内的杂质。在进行清洗时,对流路系统中流动相的置换应以相混溶的溶剂逐渐过渡,每种流动相的体积应是柱体积的 20 倍左右,即常规分析需要 50~75 mL。

阳离子交换柱可用稀酸缓冲液冲洗,阴离子交换柱可用稀碱缓冲液冲洗,除去交换性能强的盐,然后用水、甲醇、二氯甲烷(除去吸附在固定相表面的有机物)、甲醇、水依次冲洗。

(7)保存色谱柱时应将柱内充满乙腈或甲醇,柱接头要拧紧,防止溶剂挥发干燥。绝对禁止将缓冲溶液留在柱内静置过夜或更长时间。

(8)每次工作完后,最好用洗脱能力强的洗脱液冲洗,例如 ODS 柱宜用甲醇冲洗至基线平衡。当采用盐缓冲溶液作流动相时,使用完后应用无盐流动相冲洗。含卤族元素(氟、氯、溴)化合物可能会腐蚀不锈钢管道,不宜长期与之接触。

四、检测器

检测器是 HPLC 仪器的三大关键部件之一,其作用是把洗脱液中组分的量转变为电信号。HPLC 的检测器要求灵敏度高、噪音低(即对温度、流量等外界变化不敏感)、线性范围宽、重复性好和适用范围广。

1. 分类

(1) 按原理可分为光学检测器(如紫外、荧光、示差折光、蒸发光散射)、热学检测器(如吸附热)、电化学检测器(如极谱、库仑、安培)、电学检测器(电导、介电常数、压电石英频率)、放射性检测器(闪烁计数、电子捕获、氦离子化)以及氢火焰离子化检测器。

(2) 按测量性质可分为通用型和专属型(又称选择性)。通用型检测器测量的是一般物质均具有的性质,它对溶剂和溶质组分均有反应,如示差折光、蒸发光散射检测器。通用型的灵敏度一般比专属型的低。专属型检测器只能检测某些组分的某一性质,如紫外、荧光检测器,它们只对有紫外吸收或荧光发射的组分有响应。

(3) 按检测方式分为浓度型和质量型。浓度型检测器的响应与流动相中组分的浓度有关,质量型检测器的响应与单位时间内通过检测器的组分的量有关。

(4) 检测器还可分为破坏样品和不破坏样品两种。

2. 紫外检测器(ultraviolet detector)

UV 检测器是 HPLC 中应用最广泛的检测器,当检测波长范围包括可见光时,又称为紫外-可见检测器。它灵敏度高,噪音低,线性范围宽,对流速和温度均不敏感。由于灵敏度高,因此即使是那些光吸收小、消光系数低的物质,也可用 UV 检测器进行微量分析。但要注意流动相中各种溶剂的紫外吸收截止波长。如果溶剂中含有吸光杂质,则会提高背景噪音,降低灵敏度(实际是提高检测限)。

五、数据处理和计算机控制系统

用途包括三个方面:采集、处理和分析数据;控制仪器;色谱系统优化和专家系统。

六、恒温装置

在 HPLC 仪中色谱柱及某些检测器都要求能准确地控制工作环境温度,柱子的恒温精度要求在 $\pm(0.1\sim0.5)℃$ 之间,检测器的恒温要求则更高。

温度对溶剂的溶解能力、色谱柱的性能、流动相的黏度都有影响。一般来说,温度升高,可提高溶质在流动相中的溶解度,从而降低其分配系数 K,但对分离选择性影响不大;还可使流动相的黏度降低,从而改善传质过程并降低柱压。但温度太高易使流动相产生气泡。

色谱柱的不同工作温度对保留时间、相对保留时间都有影响。总的说来，在液固吸附色谱法和化学键合相色谱法中，温度对分离的影响并不显著，通常实验在室温下进行操作。在液固色谱中有时将极性物质（如缓冲剂）加入流动相中以调节其分配系数，这时温度对保留值的影响很大。

不同的检测器对温度的敏感度不一样。紫外检测器一般在温度波动超过 $\pm 0.5\ ℃$ 时，就会造成基线漂移。示差折光检测器的灵敏度和最小检出量常取决于温度控制精度，因此需控制在 $\pm 0.001\ ℃$ 左右，微吸附热检测器也要求在 $\pm 0.001\ ℃$ 以内。

思考题

1. 高效液相色谱仪由哪几部分组成？各有何作用？
2. 高效液相色谱仪常用的检测器有哪几种？
3. 从结构上说明 GC 和 HPLC 仪器有何异同之处？

附录：高效液相色谱使用说明

岛津 LC - 10ATVP 高效液相色谱系统操作规程

一、仪器组成及开机

1. 仪器组成：岛津 LC - 10ATVP 泵、SPD - 10AVP 检测器、荧光检测器、示差折光检测器和电脑一台（装有 N3000 色谱工作站）。

2. 开机：插入电源，依次打开泵、柱温箱、检测器、电脑（并进入色谱工作站）。

二、LC - 10ATVP 泵参数设定

1. 开始运行前务必确保储液瓶中装有流动相。并且吸滤器已经放入储液瓶中，排液管的另一端已经放入废液瓶中。

2. 待仪器自检完毕后，将排液阀逆时针旋转 $180°$，然后按［PURGE］键，进入吸入过滤器至泵的冲洗操作，冲洗完毕后，关闭排液阀（注意：如果排液阀旋转大于 $180°$，空气将进入排液管，最终导致空气进入流动相）。

3. 按［FUNC］键，设定所需流速（例如：设定 1ML/MIN，按［1］键然后按［ENTER］键确定，再按［CE］键恢复初始状态）。

4. 按[PUMP]键,启动泵,对色谱柱进行平衡,待压力显示稳定,可开始测试操作。

三、SPD-10AVP 检测器参数设定

按[FUNC]键,设定所需波长(例如:设定 254NM,按[2][5][4]数字键,然后按[ENTER]键确定),再按[CE]键恢复初始状态。

四、测定操作

1. 色谱工作站操作,双击桌面快捷方式[在线色谱工作站],并在[采样控制]项下选择保存路径,采样结束时间等,在[仪器条件]项下输入仪器条件等。

2. 进样操作

进样阀手柄置入 LOAD 位置,将分析样注入进样阀的定量环中,进样阀手柄转到 INJECT 位置,进样。

3. 进样后,即可数据采集观察记录的色谱图。打印图谱和结果,双击桌面快捷方式[离线色谱工作站],即可在主页面设置项中选择打印图谱和结果。

五、关机操作

1. 全部测定完毕后,按规定用适当溶剂(一般用甲醇)冲洗泵、进样器、柱及检测器。

2. 关电,登记。

综合训练篇

项目1　紫外-可见吸收分光光度法在食品领域的应用

第一节　分析前的准备工作

一、实验方案

根据实验要求,查阅相关文献资料,整理详细的实验方案。

二、实验预算

根据实验的设计方案列出实验所需的原材料、仪器设备、药品的预算清单,对一些特殊药品和试剂应列出供应商的公司名称,主要的仪器设备应列出其品牌和型号。

三、样品制备

紫外-可见吸收光谱的测定通常是在溶液中进行的。固样需转变成溶液,无机样品需用合适的酸溶液或用碱熔融,有机样品用有机溶剂溶解或抽提。有时需先用湿法或干法将样品消化,然后再转化成合适于光度测定的溶液。溶剂的选择,除要满足溶解能力强,挥发性小,毒性小等要求外,特别要注意在被测波长范围内没有明显的吸收。

四、入射光波长

通过全波长扫描得到光吸收曲线,选择入射光波长。入射光的波长一般选择 λ_{max}。这是因为在该处测量时灵敏度最高,同时由仪器单色性变化引起的测量误差小。当然在待测组分浓度较大,超出吸光度测量范围以及共存杂质干扰等因素时,也可以选择其他的波长进行测定。

五、参比溶液的选择

根据待测组分溶液的性质选择合适的参比溶液,通常采用以下两种参比溶液:

(1)溶剂参比溶液:当待测组分溶液的组成较为简单,共存的组分在测定波长的光吸收很小时,可用溶剂作为参比溶液,这样可以消除溶剂、吸收池等因素的影响。

(2)试剂参比溶液。

六、溶液的酸度

溶液的酸度直接影响被测组分存在的形式及数量,从而严重影响着吸收峰的形状、位置和强度。在进行紫外-可见光光谱测定中应严格控制被测溶液的 pH。一般可通过加入缓冲溶液来控制。强酸强碱以及弱酸弱碱盐都可作为缓冲溶液。

七、配对池的使用

选择配对池在完全相同的条件下进行测定,可以提高测定的准确度。配对池污染较严重时,可用盐酸和乙醇的混合溶液浸泡处理,或用冷的 8 mol/L 的硝酸溶液浸泡 4~8 h,用蒸馏水洗净后投入使用,比色皿千万不可浸泡太长时间,否则会氧化黏合时所用的黏合剂,损坏比色皿。

第二节　基础实验

基础实验 1　苯环类物质的紫外光谱绘制及定量分析

一、实验目的

(1)掌握 TU-1901 型紫外-可见分光光度计的工作原理与基本操作。

(2)学习有机化合物的紫外-可见吸收光谱的绘制及定量测定方法。

(3)了解苯环类物质的紫外吸收光谱的特点。

二、实验原理

紫外-可见分光光度法属于吸收光谱法,分子中的电子总是处在某一种运动状态中,每一种状态都具有一定的能量,属于一定的能级。电子由于受到光、热、电等的激发,从一个能级转移到另一个能级,称为跃迁。当这些电子吸收了外来辐射的能量时,就从一个能量较低的能级跃迁到另一个能量较高的能级。物质对不同波长的光线具有不同的吸收能力,如果改变通过某一吸收物质的入射光的波长,并记录该物质在某一波长处的吸光度,然后以波长为横坐标,以吸光度为纵坐标作图,这样得到的谱图称为该物质的吸收光谱或吸收曲线。

物质的吸收光谱反映了它在不同的光谱区域内吸收能力的分布情况,不同的物质,由于分子结构不同,吸收光谱也不同,可以从波形、波峰的强度、位置及其数目反映出来,因此,吸收光谱带有分子结构与组成的信息。

三、仪器和试剂

(1) 仪器和耗材:紫外-可见分光光度计(TU-1901);分析天平;0.5 mL、1.0 mL 移液管若干;25 mL 带塞比色管若干。

(2) 试剂:标准溶液 a:2.0×10^{-2} mol/L 的苯、苯酚、硝基苯、苯甲酸溶液(均用 95% 乙醇配制);标准溶液 b:2.0×10^{-2} mol/L 的苯酚溶液(蒸馏水配制),1.0 mol/L NaOH 溶液;未知苯酚溶液。

四、实验步骤

(1) 分别取 0.5 mL 标准溶液 a 的各溶液于 25 mL 带塞比色管中,用 95% 乙醇稀释定容,摇匀,待用。

(2) 各取标准溶液 b 和 0.5 mL 1.0 mol/L NaOH 于 25 mL 带塞比色管中,用蒸馏水稀释定容,摇匀,待用。

(3) 分别移取 0.00 mL、0.15 mL、0.25 mL、0.30 mL、0.40 mL、0.50 mL 标准溶液 b 于 6 个 25 mL 容量瓶中,在 6 支比色管中均加入 0.25 mL 1.0 mol/L NaOH,并用蒸馏水稀释定容,摇匀,待用。

(4) 打开紫外-可见分光光度计和计算机,预热,对紫外-可见分光光度计进行仪器初始化。

(5) 在光谱测量模式下,以 95% 乙醇为参比溶液,分别绘制步骤(1)中各溶液在 $200 \sim 350$ nm 波长范围内的吸收光谱。

(6) 以 1.0 mol/L NaOH 为参比,绘制步骤(2)配置的苯酚溶液的吸收光谱曲线,找出最大吸收波长 λ_{max}。

(7) 在定量测定模式下,以 1.0 mol/L NaOH 溶液为参比溶液,测定步骤

(3)中的各标准溶液在λ_{max}处的吸光度。

（8）在步骤（7）的同样条件下,测定未知样品溶液在λ_{max}处的吸光度。

（9）数据处理与讨论

① 将苯、苯酚、硝基苯、苯甲酸溶液的吸收光谱叠加在一个坐标系中,比较它们的吸收峰的变化,说说有什么不同,为什么?

② 以步骤（7）测定的各标准苯酚溶液的吸光度为纵坐标,相应的浓度为横坐标绘制工作曲线,再根据未知溶液的吸光度,利用标准曲线求出待测样浓度。

思考题

1. 实验中加入 NaOH 的目的是什么?

2. 本实验是采用紫外-可见吸收光谱中最大吸收波长进行测定的,是否可以在波长较短的吸收峰下进行定量测定? 为什么?

3. 观察苯酚、硝基苯、苯及苯甲酸溶液的紫外-可见吸收光谱,讨论取代基对物质吸收光谱的影响。

4. 被测物浓度过大或过小对测量有何影响? 应如何调整? 调整的依据是什么?

基础实验 2　紫外-可见分光光度法测定番茄中维生素 C 含量

一、实验目的

（1）掌握紫外-可见分光光度法的基本原理、仪器构造及操作。

（2）了解果蔬类样品的处理过程及维生素 C 的测定方法。

二、实验原理

维生素 C 又称抗坏血酸,是所有具有抗坏血酸生物活性的化合物的统称。它在人体内不能合成,必须依靠膳食供给。维生素 C 不仅具有广泛的生理功能,能防治坏血病、关节肿,促进外伤愈合,使机体抵抗能力增强,而且在食品工业上常用作抗氧化剂、酸味剂及强化剂。因此,测定食品中维生素 C 的含量是评价食品品质,了解食品加工过程中维生素 C 的变化情况的重要过程之一。

维生素 C 为无色晶体,熔点在 190 ℃～192 ℃,易溶于水,微溶于丙酮,在乙醇中溶解度更低,不溶于油剂。它在空气中稳定,但在水溶液中易被空气和其他氧化剂氧化,生成脱氢抗坏血酸;在碱性条件下易分解,见光加速分解;在弱酸条件下较稳定。本实验利用维生素 C 具有对紫外光吸收的特性,采用紫外-可见分光光度法对果蔬中维生素 C 的含量进行测定。

三、仪器与试剂

(1) 仪器:TU-1901 紫外-可见分光光度计;离心机;电子天平;家用果蔬搅碎机。

(2) 试剂:浸提剂:2%草酸+1%盐酸混合液(体积比 1∶2);100 $\mu g/mL$ 抗坏血酸标准溶液;去离子水;番茄。

四、实验步骤

1. 维生素 C 标准系列溶液的配制及测定

(1) 称取抗坏血酸 10.0 mg(准确至 0.1 mg),用 5 mL 浸提剂溶解,小心转移到 100 mL 容量瓶中,并稀释到刻度,混匀,此抗坏血酸溶液的浓度为 100 $\mu g/mL$。分别称取 0.00 mL、1.25 mL、2.50 mL、4.75 mL、5.00 mL、7.50 mL、8.00 mL、10.0 mL 抗坏血酸标准溶液于 8 个 25 mL 比色管中,用浸提剂定容,摇匀,待用。

(2) 以浸提剂为参比溶液,在 200～450 nm 波长范围内记录标准溶液的吸收光谱,确定最大吸收波长 λ_{max}。

(3) 以浸提剂为参比溶液,测定标准系列抗坏血酸溶液在 λ_{max} 处的吸光度 A_x。

2. 样品的制备及测定

(1) 将番茄洗净、擦干,称取具有代表性样品的可食部分 100 g,放入家用果蔬搅碎机中,加入 25 mL 浸提剂,迅速捣成匀浆。称取 10～50 g 浆状样品,用浸提剂将样品移入 100 mL 容量瓶中,并稀释至刻度,摇匀。若样品液澄清透明,可直接取样测定,若有浑浊现象,可通过离心来消除。准确移取澄清透明的 2 mL 样品液,置于 25 mL 的比色管中,用浸提剂稀释至刻度后摇匀,待用。

(2) 以浸提剂为参比溶液,测定 λ_{max} 处的吸光度值,记为 A_x。

3. 数据记录与处理

(1) 将系列标准溶液在 λ_{max} 处测定的 A_x,与其所对应的浓度填在表 3-1 中。

表 3-1　维生素 C 标准系列溶液及吸光度

编号	1	2	3	4	5	6	7	8
$c(\mu g/mL)$								
A								

（2）绘制 $A_x - c$ 标准曲线，根据待测样在波长 λ_{max} 处的测定的吸光度 A_x 值，通过标准曲线，求出所测番茄中维生素 C 的含量。

思考题

1. 讨论这种方法应用于测定食品中一种或多种物质含量的可能性。

2. 实验中浸提剂选择的依据是什么？能否选择其他的一些溶液作为本实验的浸提剂？请给出理论依据。

3. 本实验中利用维生素 C 的紫外吸收特性，对其含量进行测定。能否利用维生素 C 对碱的不稳定性，测定物质中维生素 C 的含量？请设计一个方案。

第三节　综合实训

饮用水原水中 Cr(Ⅵ)和酚类物质的检测

【能力目标】

（1）能利用各种资源进行信息检索和处理的能力。

（2）能综合运用紫外-可见分光光度法、目视比色法对复杂样品进行检测的能力。

【任务分析】

国家关于生活饮用水水质的标准中，对一些重金属离子和有机物的含量都有明确的限量要求。我们对生活饮用水的原水的水质进行分析，可以了解原水的水质状况和自来水公司进行水质处理的意义。

【实训内容】

（1）查阅相关文献，了解国家对于生活饮用水的相关标准以及相关物质的检测方法。

（2）查阅文献针对原水中六价铬的测定，分组设计方案，可采用可见分光光度法和目视比色法。

（3）针对原水中的酚类物质进行测定，分组设计方案，可采用可见分光光度法（寻找合适的显色剂）和紫外分光光度法。

（4）采集试样，配制标准溶液及相关辅助溶液。

（5）样品测试并进行数据处理。

【注意事项】

（1）严格按照前面有关紫外-可见分光光度计的使用说明规范操作。

（2）实践过程要维持规范、整洁、有序的实验室工作环境。

（3）实训过程实验小组成员相互配合，培养团队合作精神。

（4）规范记录原始数据。

【相关知识】

1. 文献的检索途径

文献检索的途径一是通过图书馆馆藏的各种书籍、手册、纸质标准等；二是通过网络资源中的各项搜索引擎，如百度、谷歌；三是通过一些光盘数据库，如中国期刊网、万方数据库中的电子资源，包括国家标准、专利、学术论文等。

2. 生活饮用水水质标准

生活饮用水水质标准中，感官性状指标为：色度不超过 15 度，并不得呈现其他异色；浑浊度不超过 5 度；不得有异臭异味；不得含有肉眼可见物。化学指标为：pH 为 $6.5 \sim 8.5$；总硬度（以 CaO 计）不超过 250 mg/L；含铁量不超过 0.3 mg/L；锰不超过 0.1 mg/L；铜不超过 1.0 mg/L；锌不超过 1.0 mg/L；挥发酚类不超过 0.002 mg/L；阴离子合成洗涤剂不超过 0.3 mg/L。

病理学指标为：氟化物不超过 1.0 mg/L，适宜浓度 $0.5 \sim 1.0$ mg/L；氰化物不超过 0.05 mg/L；砷不超过 0.04 mg/L；硒不超过 0.01 mg/L；汞不超过 0.1 mg/L；镉不超过 0.01 mg/L；铬（6 价）不超过 0.05 mg/L；铅不超过 0.1 mg/L；细菌学指标等。

3. 酚类

酚根据所含羟基数目可分为一元酚、二元酚和多元酚。不同的酚类化合物具有不同的沸点。酚类又由其能否与水蒸气一起挥发而分为挥发酚与不挥发酚,通常认为沸点在 230 ℃以下的为挥发酚,而沸点在 230 ℃以上的为不挥发酚。水质标准中的挥发酚即指在蒸馏时能与水蒸气一并挥发的这一类酚类化合物。水中酚类与氯化物作用会产生恶臭。

项目 2　红外光谱法在食品领域的应用

第一节　分析前的准备工作

一、实验方案

根据实验要求，查阅相关文献资料，整理详细的实验方案。

二、实验预算

根据实验的设计方案列出实验所需的原材料、仪器设备、药品的预算清单，对一些特殊药品和试剂应列出供应商的公司名称，主要的仪器设备应列出其品牌和型号。

三、对试样的要求

（1）试样应该是单一组分的纯物质，纯度应大于98％，便于与纯化合物的标准进行对照。多组分试样应在测定前尽量预先用分馏、萃取、重结晶、区域熔融或色谱法进行分离提纯。

（2）试样中不应含有游离水。水本身有红外吸收，会严重干扰样品谱，而且还会侵蚀吸收池的盐窗。

（3）试样的浓度和测试厚度应选择适当，以使光谱图中的大多数吸收峰的透射比处于10％～80％范围内。

四、样品制备

1. 液体样品的制备

（1）液膜法：对沸点较高的液体，直接滴在两块盐片之间，形成没有气泡的毛细厚度液膜，然后用夹具固定，放在仪器光路中进行测试。

（2）液体吸收池法：对于低沸点液体样品的定量分析，要用固定密封液体池。制样使液体池倾斜放置,样品从下口注入,直至液体被充满为止,用聚四氟乙烯塞子依次堵塞池的入口和出口,进行测试。

2. 固体样品的制备

(1) 压片法:将 1~2 mg 固体试样与 200 mg 纯 KBr 研细混合,研磨到粒度小于 2 μm,在油压机上压成透明薄片,即可用于测定。

(2) 糊状法:研细的固体粉末和石蜡油调成糊状,涂在两盐窗上进行测试,此法可消除水峰的干扰。液体石蜡本身有红外吸收,此法不能用来研究饱和烷烃的红外吸收。

3. 特殊样品的制备——薄膜法

(1) 熔融法:对在熔融时不发生分解、升华及其他化学变化的物质,用熔融法制备。可将样品直接用红外灯或电吹风加热熔融后涂制成膜。

(2) 热压成膜法:对于某些聚合物,可把它们放在两块具有抛光面的金属块间加热,样品熔融后立即用油压机加压,冷却后,取下薄膜夹在夹具中直接测试。

(3) 溶液制膜法:将试样溶解在低沸点的易挥发溶剂中,涂在盐片上,待溶剂挥发后成膜来测定。如果溶剂和样品不溶于水,使它们在水面上成膜也是可行的。

4. 气态样品的制备

气态样品一般都灌注于气体池内进行测试。

第二节 基础实验

基础实验 1 苯甲酸的红外光谱测定和理论分析

一、实验目的

(1) 学会解析红外吸收谱图的一般规律。
(2) 掌握压片法制备固态样品的方法。

二、实验原理

红外光谱是研究分子振动和转动信息的分子光谱,它反映了分子化学键的特征吸收频率,通过特征吸收谱带的数目、位置、形状及强度,进行物质官能团的归属,进而推断分子的结构。

不同的样品状态(固体、液体、气体以及黏稠样品)需要相应的制样方法。苯甲酸属于晶形固体,进行红外测试前,一般需要进行试样的压片,制成 KBr 压片。而制样方法的选择和制样技术的好坏直接影响谱带的频率、数目和强度。

三、仪器与试剂

(1)仪器:傅里叶变换红外光谱仪(天津港东科技有限公司);压片机;玛瑙研钵。

(2)试剂:KBr 晶体;苯甲酸(分析纯)。

四、实验步骤

(1)开机预热,打开工作站,依次打开空调、除湿机、主机、电脑、工作站,预热 20 min 左右。

(2)制备固体红外试样:取 2～3 mg 苯甲酸与 200～300 mg 干燥的 KBr 粉末,置于玛瑙研钵中,在红外灯下混匀,充分研磨(颗粒粒度为 2 μm 左右)后,用不锈钢药匙取 70～80 mg 于压片机模具的两片压舌下。将压力调至 28 kgf 左右,压片,约 5 min 后,用不锈钢镊子小心取出压制好的试样薄片,置于样品架中待用。

(3)扣背景。

(4)扫样品吸收峰。

(5)谱图的优化:对扫描得出的谱图,根据需要进行基线校正、平滑处理、纵坐标扩展等。

(6)谱图的分析:根据标准谱图和实际样品的图谱进行比对,并对主要的吸收峰进行归属。

(7)分别用量子化学的 Hatree Fock 方法(HF/6‐31G 基组)和密度泛函(DFT)方法(B3LYP/6‐31G 基组),对苯甲酸的红外吸收频率进行预测。

(8)设定苯甲酸构象异构体中羧基与苯环平面的夹角分别为 0°、30°、60°、90°,用 Gaussian03 软件计算不同构象的苯甲酸中官能团的吸收频率。

(9)结果处理:列表比较理论计算与实验测定频率值的不同,填入表 3‐2 中。

表 3 - 2 理论计算与实验测定值的比较

角度和计算方法	0°		30°		60°		90°		
特征官能团	HF	DFT	HF	DFT	HF	DFT	HF	DFT	实验测定值
苯环上 C—H 伸缩振动 $(\omega-H\ cm^{-1})$									
羧基的碳氧双键伸缩振动 $(\omega-o\ cm^{-1})$									
苯环单取代 C—H 面外弯曲振动 $(\delta c-H\ cm^{-1})$									

思考题

1. 分子的构象与官能团红外吸收频率有何联系?
2. 官能团红外吸收频率计算值和实验值产生差异的原因是什么?

基础实验 2 FTIR 法对奶粉品质进行分析

一、实验目的

了解用红外光谱鉴别奶粉品质的原理和方法。

二、实验原理

依据奶粉中脂肪、蛋白质和碳水化合物的特征峰吸收强度的大小,判断奶粉中主要营养成分的相对含量大小。

三、仪器和试样

(1) 仪器:傅里叶变换红外光谱仪(天津港东科技有限公司)。
(2) 试剂:KBr 晶体;亚铁氰化钾(分析纯);市售奶粉。

四、实验步骤

(1) 光谱测定:准确称取已经干燥处理的亚铁氰化钾 0.01 g(5 份),分别加入到 5 个等量(0.15 g)的待测样品中。加入内标的待测样品混合均匀后,取适量直接测 ATR‐FTIR 吸收光谱。

（2）特征峰归属：对照谱图分别对内标的特征峰、脂肪的特征峰、蛋白质的特征峰及碳水化合物的特征峰进行归属指认。

（3）样品峰的确定与积分面积比值计算。

（4）数据处理：利用红外仪器操作软件对样品特征吸收峰面积进行积分，数值填入表 3‐3 中。

表 3‐3　各样品的分析峰面积与参比面积比值

样品	分析峰面积与参比面积比值		
	A_{o-o}/A_{CN}	$A_{酰胺_I}+A_{酰胺_{II}}/A_{CN}$	A_{c-o}/A_{CN}
1			
2			
3			
4			
5			

思考题

1. FTIR 测定样品时的注意要点是什么？该法的优点体现在何处？
2. 什么是内标法？内标的作用是什么？

第三节　综合实训

安全性食品包装塑料薄膜制品的辨别与解析

【能力目标】

（1）能用红外吸收光谱法，对食品包装塑料薄膜制品进行分析检测。

（2）通过标准图谱比较，对其安全性能进行判断。

【任务分析】

如何测定食品包装塑料薄膜制品的红外吸收光谱？由于食品安全受到人

们的普遍关心，究竟什么样的食品包装袋及食品包装塑料薄膜是安全的。通过对此类薄膜制品进行红外吸收光谱测定，与相关标准图谱比较，对其安全性能进行判断。

【实训内容】

（1）查阅相关文献，了解国家对于食品包装塑料薄膜制品的相关指标。

（2）根据文献资料，对采集的各种食品塑料薄膜制品设计方案。

（3）样品采集。

（4）样品测试并进行数据处理。

（5）结果分析。

【注意事项】

（1）严格按照有关红外吸收光谱仪的规范操作要求上机测试。

（2）对于薄膜制品，可以直接进行样品扫描，得出红外吸收光谱图。

（3）实践过程维持规范、整洁、有序的实训室工作环境。

（4）实训过程实验小组成员相互配合，培养团队合作精神。

（5）通过对食堂、超市等场所收集购买获得的食品包装薄膜的安全性分析，树立质量安全意识。

【相关知识】

1. 文献的检索途径

文献检索的途径一是通过图书馆藏的各种书籍、手册、纸质标准等；二是通过网络资源中的各项搜索引擎，如百度、谷歌；三是通过一些光盘数据库，如中国期刊网、万方数据库中的电子资源，包括国家标准、专利、学术论文等；四是查阅一些免费的光谱数据库。

2. 食品包装薄膜的安全性要求

食品包装保鲜膜按材质可分为聚乙烯（PE）、聚氯乙烯（PVC）和偏聚氯乙烯（PVDC）等。就材质而言，PE 和 PVDC 是安全的。PVDC 主要是用于火腿肠等熟食产品的包装，目前在市场上所占份额则相对较小。

市场上用于冰箱及微波炉使用的保鲜膜常见的是 PE 和 PVC 两种。一是 PVC 保鲜膜含有氯乙烯单体，如果残留过量（氯乙烯对人体的安全限量标准为小于 1 mg/kg），对人体有致癌作用；二是 PVC 保鲜膜为了增加黏性、透明度和弹性，在加工过程中常加入大量的增塑剂，主要品种为己二酸二

(2.2-乙基己基)酯(DEHA),含有 DEHA 的 PVC 保鲜膜与油脂接触或在微波炉加热的环境下,DEHA 很容易释放出来,并渗入食物中,对人体内分泌系统有很大的破坏作用,会扰乱人体的激素代谢,引起人类多种疾病。

3. 分析检测方法

目前,对于食品包装薄膜的分析可采用燃烧法和红外吸收光谱法。一般来说,采用红外吸收光谱法比较方便,且无任何有害物质产生。

【开放性训练】

1. 任务

查阅文献资料,自行设计实验方案,采用燃烧法测定食品包装薄膜的安全性(注意操作的安全性)。

2. 实训过程

(1)查阅相关资料,四人一组制定分析方案,讨论方案的可行性,与教师一起确定分析方案。

(2)学生按小组独立完成相关的实训方案。

项目3　原子吸收光度法在食品领域的应用

第一节　分析前的准备工作

一、实验方案

根据实验要求,查阅相关文献资料,整理详细的实验方案。

二、实验预算

根据实验的设计方案列出实验所需的原材料、仪器设备、药品的预算清单,对一些特殊药品和试剂应列出供应商的公司名称,主要的仪器设备应列出其品牌和型号。

三、样品制备

在进行原子吸收测定之前,将样品处理成溶液状态,使微量元素处于溶解状态。

1. 湿法消化

湿法消化是用酸消煮来破坏有机物。常用的酸是硝酸、高氯酸,两种酸用量比一般为 10:1。

2. 干法灰化

可分为马弗炉高温灰化和等离子体低温灰化两种。高温灰化是将粉末状样品放入洁净的瓷坩埚内,先碳化,然后转入马弗炉内高温灰化。低温灰化原理是利用高频电场作用产生激发态等离子体来消化样品中的有机体。

3. 酸溶解法

用稀盐酸直接溶解样品。

4. 密封微波溶样技术

该方法具有加热速率快、效率高的优点,尤其在密闭容器中,可以在数分钟之内增加很高的温度和压力,使样品快速溶解。近年来应用很广泛。

　　5. 样品处理

　　应同时处理至少两个平行样品,并且要有一个空白样品,用来检测样品处理过程中是否存在问题。对于易污染的样品要同时制备两个空白样品。

四、仪器准备

　　(1) 检查雾室的废液是否畅通无阻,如果有水封,一定要设法排除后再进行点火。

　　(2) 防止"回火"。点火的操作顺序为先开助燃气,后开燃气。熄灭顺序为先关燃气,待火熄灭后再关助燃气。一旦发生"回火",应镇定地迅速关闭燃气,然后关闭助燃气,切断仪器的电源。若回火引燃了供气管道及附近物品时,应采用 CO_2 灭火器灭火。

　　(3) 采用石墨炉原子吸收光谱法测定时,主要注意冷却水的使用,首先接通冷却水源,待冷却水正常流通后,方可开始执行下一步的操作。

　　(4) 空心阴极灯的维护。当发现空心阴极灯的石英窗口有污染时,应用脱脂棉蘸无水乙醇擦拭干净。

　　(5) 供气管道的检漏。当发现有漏气时,可采用简易的肥皂水检漏法或检漏仪检漏。

　　(6) 燃烧器的维护。当燃烧器的缝口存积盐类时,火焰可能出现分叉,这时应当熄灭火焰,用滤纸插入缝口擦拭,或用刀片插入缝口轻轻刮除积盐,或用水冲洗。

　　(7) 雾化器的金属毛细管的检修。当雾化器的金属毛细管被堵塞时,可用软而细的金属丝疏通或用洗耳球从出样口吹出堵塞物。

五、测量注意事项

　　1. 绘制正确的工作曲线

　　由于原子吸收法的线性范围窄,因此绘制正确的工作曲线就显得尤为重要。在做工作曲线时要注意以下几点:

　　(1) 绘制一条工作曲线至少要取 5~7 点,并且每一个点要重复测定两次或多次,直到平行样的测定值满足要求后,再进行下一个点的测定。

　　(2) 标准样品和待测样品必须使用相同的溶剂系统。

　　(3) 工作曲线所选用的浓度范围要包括待测样品的浓度。原子吸收法较理想的线性范围在吸光度的 0.1~0.5 之内,如浓度再高,标准曲线就显著地弯曲了。所以,原子吸收法只能比分光光度法测定的浓度范围更窄。作为补救的方法之一,就是把各种灵敏度不同的吸收线连接起来使用,以实现宽浓度范围的测定。然而,这种方法不太适用吸收线少的碱金属和碱土金属元素,只能勉强适用于铅、铜、铁、锰、铂等元素。作为另一种补救的方法是在工作曲线开始弯曲的地方多加测几个点,以便绘制正确的工作曲线,也可用一元二次方程绘制工作曲线。

2. 酸对测定的影响

由于不同生产厂家生产的酸,杂质的含量是不相同的。因此,在用石墨炉进行水样分析时,一定要注意:配标准系列所加的酸与水样中所加的酸一定是同一厂家同一批号的酸,只有这样才能把酸对标准系列测定和对水样测定的误差控制在同一水平线上。这一点在石墨炉原子吸收分析中尤为重要。

第二节 基础实验

基础实验 1 石墨炉原子吸收分光光度法测定水中的重金属铊

一、实验目的

(1)学习原子吸收分光光度计的使用。

(2)掌握重金属定量分析的一般过程。

二、实验原理

(1)沉淀富集法:在酸性条件下,用溴水作氧化剂,使水中铊呈三价态,用氨水调节 pH,使铊在碱性条件下,与铁溶液产生共沉淀。离心分离沉淀,处理后的试样注入石墨炉原子化器中,铊离子在石墨管内高温原子化,基态铊原子对 276.8 nm 的特征谱线选择性吸收,其吸收度值和铊的浓度成正比。

(2)直接法:经消解预处理的试样注入石墨炉原子化器中,再进行测定。

注意:氯离子对铊有负干扰,加硝酸铵可有效地消除浓度低于 1.2 g/L 的氯离子干扰,样品的保存、制备和标准溶液的配制过程中应避免使用盐酸。

警告 铊和铊盐有剧毒,铊的氧化物和氯化物有一定挥发性,整个实验过程必须在通风橱内进行。

三、仪器和设备

火焰石墨炉一体原子吸收分光光度仪(北京普析通用);铊空心阴极灯;磁力搅拌机;离心机;微波消解装置或电热板;聚乙烯瓶或硬质玻璃瓶。

四、试样的制备

1. 沉淀富集法

移取 500 mL 或适量水样于 1 000 mL 烧杯中,用硝酸溶液酸化至 pH＝2,加 0.5～2 mL 溴水,使水样呈黄色,1 min 不褪色为准,加入 10 mL 铁溶液,在磁力搅拌下,滴加氨水,使 pH＞7,待沉淀完全后,小心弃去上清液,沉淀物分数次移入离心管,离心 15～20 min,取出离心管,用吸管吸去上层清液。加 1 mL 浓硝酸溶解沉淀,转移至 10 mL 比色管中,用水洗涤离心管,加入 2 mL 硝酸铊和硝酸镁混合溶液,若有氯离子干扰,再加 2 mL 硝酸铵溶液,最后用硝酸溶液稀释定容至刻度,混匀,待测。

2. 直接法

样品加酸,置于微波炉内或电热板上消解,样品消解蒸发至约 5 mL,冷却,过滤,加入 10 mL 硝酸铊和硝酸镁混合溶液,若有氯离子干扰,再加 10 mL 硝酸铵溶液,最后用硝酸溶液定容至 50 mL。

用水代替样品,按照试样的制备做铊空白试样。

五、实验步骤

(1) 仪器调试和校准。参考的仪器测定条件见表 3－4。

表 3－4 参考的仪器测定条件

测量元素	T1
光源	铊空心阴极灯或特制短弧氙灯
灯电流(mA)	7
波长(nm)	276.8
通带宽度(nm)	0.7
干燥温度/时间	80 ℃～120 ℃/30s
灰化温度/时间	900 ℃/5s
原子化温度/时间	1 650 ℃/5s

（续表）

测量元素	T1
消除温度	2 600 ℃/5s
基体改进剂	$Pd(NO_3)_2/Mg(NO_3)_2+NH_4NO_3$
进样体积(μL)	20.0
背景扣除	氘灯扣背景和塞曼扣背景

（2）校准曲线的绘制。分别移取 0.00 mL、0.50 mL、1.50 mL、2.00 mL、2.50 mL、5.00 mL 铊标准使用液于 50 mL 容量瓶中，加入 10 mL 硝酸铊和硝酸镁混合溶液和 10 mL 硝酸铵溶液，再用硝酸铵溶液定容至刻度，摇匀。标准系列浓度分别为 0.0 $\mu g/L$、10.0 $\mu g/L$、20.0 $\mu g/L$、30.0 $\mu g/L$、40.0 $\mu g/L$、50.0 $\mu g/L$、100.0 $\mu g/L$。

按照选定的最佳仪器条件由低浓度到高浓度依次向石墨管内加入 $20\mu L$ 标准系列，测定吸光度。以吸光度为纵坐标，以铊的浓度($\mu g/L$)为横坐标，绘制校准曲线。

（3）试样的测定。按照与绘制校准曲线相同的条件测定试样的吸光度。

（4）空白实验。按照与绘制校准曲线相同的条件测定铊空白试样的吸光度，做空白试验。

（5）结果计算与表示。样品中铊的浓度($\mu g/L$)按下式计算：

$$\rho_1 = \frac{\rho_2 \times V_1}{V}$$

式中：ρ_1 为样品中铊的浓度，$\mu g/L$；ρ_2 为校准曲线中查得试样中铊的浓度，$\mu g/L$；V 为所取样品的体积，mL；V_1 为制备后试样的体积，mL。

基础实验 2　原子吸收分光光度法对水质钙和镁的测定

一、实验目的

（1）学习原子吸收分光光度计的使用。
（2）掌握水质钙和镁测定的过程和方法。

二、实验原理

将试液喷入火焰中，使钙、镁原子化，在火焰中形成的基态原子对特征谱线产生选择性吸收。由测得的样品吸光度和校准溶液的吸光度进行比较，确定样品中被测元素的浓度。选用 422.7 nm 共振线的吸收测定钙,用 285.2 nm 共振线的吸收测定镁。

干扰　原子吸收法测定钙、镁的主要干扰有铝、硫酸盐、磷酸盐、硅酸盐等,它们能抑制钙、镁的原子化,产生干扰,可加入锶、镧或其他释放剂来消除干扰。火焰条件直接影响着测定灵敏度,必须选择合适的乙炔量和火焰观测高度。试样需检查是否有背景吸收,如有背景吸收应予以校正。

三、仪器

火焰石墨炉一体化原子吸收分光光度计及相应的辅助设备。

四、试样的制备

分析可滤态钙、镁时,如水样有大量的泥沙、悬浮物,样品采集后应及时澄清,澄清液通过 0.45 μm 有机微孔滤膜过滤,滤液加硝酸酸化至 pH 为 1~2。

分析不可滤态钙、镁总量时,采集后立即加硝酸酸化至 pH 为 1~2。如果样品需要消解,则校准溶液,空白溶液也要消解。消解步骤如下:取 100 mL 待处理样品,置于 200 mL 烧杯中,加入 5 mL 硝酸,在电热板上加热消解,蒸至 10 mL 左右,加入 5 mL 硝酸和 2 mL 高氯酸,继续消解,蒸至 1 mL 左右,取下冷却,加水溶解残渣。通过中速滤纸,滤入 50 mL 容量瓶中,用水稀释至标线(消解中使用的高氯酸易爆炸,要求在通风橱中进行)。

五、实验步骤

(1) 准确吸取经预处理的试样 1.00~10.00 mL(含钙不超过 250 μg,镁不超过 25 μg)于 50 mL 容量瓶中,加入 1 mL 硝酸溶液和 1 mL 镧溶液用水稀释至标线,摇匀。

(2) 在测定的同时应进行空白试验。空白试验时用 50 mL 高纯水取代试样。所用试剂及其用量、步骤与试样测定完全相同。

(3) 根据表 3-5 选择波长和调节火焰至最佳工作条件,测定试样的吸光度。

表 3-5　波长及火焰类型

元素	特征谱线波长(nm)	火焰类型
钙	422.7	乙炔＋空气,氧化型
镁	285.2	乙炔＋空气,氧化型

（4）根据吸光度，在校准曲线上查出（或用回归方程计算出）试样中的钙、镁浓度。

（5）校准溶液制备。参照表 3-6，在 50 mL 容量瓶中，依次加入适量的钙、镁混合标准溶液，至少配制 5 个校准溶液（不包括零点）。

表 3-6　钙、镁标准系列的配制

序号	1	2	3	4	5	6	7	8
混合标准溶液体积，mL	0	0.50	1.00	2.00	3.00	4.00	5.00	6.00
钙含量，mL/L	0	0.50	1.00	2.00	3.00	4.00	5.00	6.00
镁含量，mL/L	0	0.05	0.10	0.20	0.30	0.40	0.50	0.60

用减去空白的校准溶液吸光度为纵坐标，对应的校准溶液的浓度为横坐标作图。

（6）结果计算：

$$X = fc$$

式中：X 为钙或镁含量，以 Ca 或 Mg 计，mg/L；f 为试样定容体积与试样体积之比；c 为由校准曲线查得的钙、镁浓度，mg/L。

第三节　综合实训

葡萄糖酸锌口服液中锌含量的测定

【能力目标】

（1）能够针对元素选择合适的实验条件。

（2）学会原子吸收分析的样品处理方法。

（3）能用原子吸收法进行实际样品的测定。

【任务分析】

葡萄糖酸锌口服液是一种常用的小儿补锌制剂。处方中含有葡萄糖酸锌、蔗糖、蜂蜜、枸橼酸等多种组分。每 100 mL 中含锌 30～40 mg。葡萄糖酸锌口服液中锌的测定可以采用配合滴定法，但操作复杂，干扰严重。

原子吸收测定微量元素含量具有灵敏度高、选择性好等特点。

本次任务的目的是通过实验测定葡萄糖酸锌口服液中锌含量，选择条件适宜的实验条件,建立完整的试验方法。并对测定方法及测定结果的主要性能指标进行验证。

【实训内容】

（1）每 4 人一组,各组内人员分工协作,共同完成实验任务。

（2）工作流程:领取样品,进行组内分工,查阅文献制定实验方案,经全组讨论并不断完善实验方案。经教师检查确定方案,准备实验仪器、试剂,开始实施。最后完成实验报告。

（3）任务内容:选择最佳实验条件;寻找对测定产生干扰的因素,消除干扰的方法;完成样品处理;锌含量测定;对测定结果进行验证。

（4）结果验证内容:灵敏度、检出限、精密度、回收率。

（5）实验结果集中展示:每组选出一名代表介绍本组的实验设计、实验结果、实验验证的情况。其他组成员对他们的实验提出问题,进行评价,由组内成员解答。

（6）讨论总结实验的成功与不足,找出原因,提出解决方法。

（7）练习综合运用理论知识、操作技能完成复杂任务。

【注意事项】

（1）实训中可能用到各种化学试剂,应严格按照操作规范取用。

（2）一些浓酸、浓碱具有很强的腐蚀性,不小心撒到皮肤上会引起烧伤。

（3）在使用电炉、马弗炉时应注意安全用电,避免烫伤。

（4）实训过程中遇有困难可与指导教师联系。

项目4　气相色谱法在食品领域的应用

第一节　分析前的准备工作

一、实验方案

根据实验要求，查阅相关文献资料，整理详细的实验方案。

二、实验预算

根据实验的设计方案列出实验所需的原材料、仪器设备、药品的预算清单，对一些特殊药品和试剂应列出供应商的公司名称，主要的仪器设备应列出其品牌和型号。

三、样品制备

查询相关资料，对待分析样品进行分离、纯化，常用的气相色谱前处理技术包括溶剂萃取、固相萃取、超临界萃取、衍生化、膜分离、蒸馏、吸附等。

四、仪器准备

（1）先通载气，后通电；先关电，后关载气。当连续使用或做精细分析时，晚上最好不关载气，可适当调低入口压强至 0.1 MPa，保证系统内的正压状态。

（2）开气源时，气瓶开关阀应开足，减压阀开关旋至最松，查看减压阀的压力表应压力足够，然后逐渐调减压阀，仪器正常运行时，使减压阀低压测压强输出为：载气在 0.5～0.6 MPa 之间；氢气、空气在 0.3～0.4 MPa 之间。

（3）接入检测器的色谱柱必须事先经过严格老化，其老化温度低于固定相的最高使用温度，高于分析样品时的温度，老化时间应长于 36 h，并通以适当的流量，以避免分析时固定相流失引起检测器污染和基线漂移。若用柱箱老化色谱柱，柱出口不能接在检测器上，应使其出气排出仪器外。

（4）用氢气作燃烧气的检测器工作温度应不低于 120 ℃，并且应达到该温度才可点火，否则会因燃烧后生成的水汽积水，严重影响检测器的使用寿命和性能，关机时也应先关辅助气，待氢气、空气压强降至零，火熄灭后方可降温。

（5）仪器工作间及气源室所有管线必须确保不漏气，而且通风良好，以免气体泄漏时发生爆炸。

五、气相色谱柱

（1）进样量：一般毛细管柱进样量（液体）小于 1 μL，而填充柱一般进样量为 1 μL，最大不能超过 2 μL。

（2）柱子使用注意事项：不能没有通流动相（气相的为载气）到柱子就开始升柱温，即不能没有柱前压力就升柱温，不然会烧坏柱子。气相上使用的柱子都有最高使用温度，分析中所设的柱温不能超过柱子最高使用温度，不然同样会损坏柱子。

（3）柱子的保养：要定期对柱子进行老化，老化条件为柱温设定在低于柱子最高使用温度 20 ℃左右，检测器与进样口设定比所设定的柱温高 10 ℃～30 ℃左右，老化约 4 h 左右。

六、进样操作

（1）进样时要求注射器垂直于进样口，左手扶着针头以防弯曲，右手拿着注射器，右手食指卡在注射器芯子和注射器管的交界处，这样可以避免当针进到气路中由于载气压力较高把芯子顶出，影响正常进样。

（2）注射器取样时，应先用被测试液洗涤 5～6 次，然后缓慢抽取一定量试液，并不带有气泡。

（3）要经常注意更换进样器上的硅橡胶密封垫片，防止漏气。

第二节　基础实验

基础实验 1　气相色谱定性分析

一、实验目的

（1）学习计算色谱峰分辨率。

（2）掌握根据保留值，用已知物对照定性的分析方法。

二、实验原理

用色谱法进行定性分析的任务是确定色谱图上每一个峰所代表的物质。在色谱条件一定时，任何一种物质都有确定的保留值、保留时间、保留体积、保留指数及相对保留参数。因此，在相同的色谱操作条件下，通过比较已知纯样、未知物的保留参数或在固定相上的位置，即可确定未知物为何种物质。

三、仪器和试剂

气相色谱仪（岛津 GC－2014C），配有 FID 检测器；高纯氮气作为载气；毛细管柱气相色谱柱；正己烷、环己烷、苯（分析纯）。

四、实验步骤

（1）通氮气，启动主机。

（2）设置色谱分析条件：

柱温：80 ℃；检测器：120 ℃；气化室温度：120 ℃；载气流速：40 mL/min。

进未知混合试样 0.5 μL，记录色谱图上各峰的保留时间。

（3）分别注射环己烷、苯等试剂 0.2 μL，记录色谱图上各峰的保留时间。

五、数据记录

表 3－7　各种物质的保留时间

试　　剂	正己烷	环己烷	苯
保留时间(min)			
保留时间(min)			
保留时间(min)			

六、结果处理

采用单柱比较法，对已知纯样及待测试样进行色谱分析，比较其保留时间，当两者的数值相等时，来确认待测试样中的组分存在。并计算两峰的分辨率。

基础实验 2　气相色谱定量分析——归一化法

一、实验目的

（1）进一步掌握气相色谱仪的操作要点。

（2）了解气相色谱各种定量方法的优缺点。

（3）进一步熟练掌握根据保留值，用已知物对照定性的分析方法。

（4）掌握用归一化法测定混合物中各组分的含量。

二、实验原理

气相色谱的定量分析有峰面积百分比法、归一化法、内标法和外标法等。归一化法定量准确，但它不仅要求样品中所有组分均出峰，而且要求具备所有组分的标准品，以便于测定校正因子。内标法是精密度最高的色谱定量方法，但要选择一个或几个合适的内标物并不总是易事，而且在分析样品前必须将内标物加入样品中。

1. 定量分析的依据

被测组分的质量与其色谱峰面积成正比。即：

$$m_i = f_i A_i$$

峰面积 A_i 的测量：$A_i = 1.06 h W_{1/2}$，其中 h 为峰高；$W_{1/2}$ 为半峰宽；f_i 为比例常数，是定量校正因子，一般色谱手册中提供有许多物质的相对校正因子，可直接使用。

2. 定量分析的步骤

（1）定性分析：化合物在一定的色谱操作条件下，每种物质都有一确定的保留值，故作为定性分析的依据；在相同的色谱条件下对已知样品和待测试样进行色谱分析，分别测量各组分峰的保留值，若某组分峰与已知样品相同，则可认为两者是同一物质。从而确定各个色谱峰代表的组分。

（2）归一化法定量分析：若试样中含有 n 个组分，且各组分均能流出色谱峰，则其中某个组分 i 的质量分数为 W_i 可按照下式计算：

$$W_i = m_i/m = \frac{A_i f'_i}{A_1 f'_1 + A_2 f'_2 + \cdots + A_i f'_i + \cdots + A_n f'_n} \times 100\%$$

$$= \frac{A_i f'_i}{\sum\limits_{i=1}^{n} A_i f'_i}$$

三、仪器和试剂

气相色谱仪（岛津 GC‑2014C），配有 FID 检测器；高纯氮气作为载气；毛细管柱气相色谱柱；己烷，庚烷，辛烷，壬烷。

四、实验步骤

（1）开启载气 N_2 钢瓶的阀门；将气体净化器打到"开"的位置；打开色谱仪的电源；打开色谱工作站。

（2）设置实验参数：柱温 100 ℃，汽化室温度 150 ℃，检测器温度 180 ℃；N_2 流速：45 mL/min，H_2：40 mL/min，空气：450 mL/min。

（3）待检测器 FID 温度达到的时候，开启 H_2 钢瓶的阀门及打开空气源的电源，点燃 FID。

（4）运行程序一次并用丙酮进样清洗色谱柱。

（5）分别用微量注射器移取纯样（己烷到壬烷）溶液 0.2 μL，依次进样分析，分别测定出各色谱峰的保留时间 t_R。

（6）用微量注射器移取 0.2 μL 混合物试液进行分析，连续记录各组分色谱峰的保留时间，记录各色谱峰的峰面积。

五、结果处理

（1）将混合物试液各组分色谱峰的调整保留时间与标准样品进行对照，对各色谱峰所代表的组分做出定性判断。

（2）根据峰面积和校正因子，用归一化法计算混合物试液中各组分的质量分数。

（3）实验完毕，按照要求关闭色谱仪。

六、注意事项

（1）测定时，取样准确，进样要求迅速，瞬间快速取出注射器；注入试样溶液时，不应有气泡。

（2）进样后根据混合物溶液中各组分出峰高低情况，调整进样量。

（3）测定时，严格控制实验条件恒定，这是实验成功的关键。

（4）为了保护色谱柱，要求载气首先打开，然后开机，结束时先关机，后关载气；严格按照要求的顺序开启和关闭色谱仪。

思考题

1. 进样操作应注意哪些事项？在一定的条件下进样量的大小是否会影响色谱峰的保留时间和半峰宽度？

2. 色谱定量方法有哪几种？各有什么优缺点？

3. 色谱归一化法有何特点？使用该方法应具备什么条件？

基础实验 3　顶空固相微萃取法分析蜂蜜中的挥发性成分

一、实验目的

(1) 学习气相色谱仪的操作流程。

(2) 了解顶空固相微萃取提取挥发性成分的原理和过程。

二、实验原理

微萃取装置类似于一支气相色谱的微量进样器，萃取头是在一根石英纤维上涂上固相微萃取涂层，外套细不锈钢管以保护石英纤维不被折断，纤维头可在钢管内伸缩。将纤维头浸入样品溶液中或顶空气体中一段时间，同时搅拌溶液以加速两相间达到平衡的速度，待平衡后将纤维头取出插入气相色谱气化室，热解吸涂层上吸附的物质。被萃取物在气化室内解吸后，靠流动相将其导入色谱柱，完成提取、分离、浓缩的全过程。固相微萃取技术几乎可以用于气体、液体、生物、固体等样品中各类挥发性或半挥发性物质的分析。固相微萃取装置如图 3-1 所示。

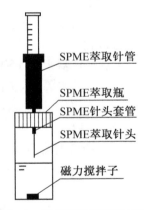

SPME萃取针管

SPME萃取瓶
SPME针头套管
SPME萃取针头

磁力搅拌子

图 3-1　固相微萃取装置示意图

三、实验材料

气相色谱仪(日本岛津 GC-2014C)；FID 氢火焰离子检测器；萃取微萃取手柄；PDMS/CAR/DVB 萃取微萃取萃取头；恒温磁力搅拌器；美国 Restek 毛细管柱(30 m×0.32 mm，0.25 μm)。

四、实验过程

1. 蜂蜜样品挥发性成分的提取

（1）准确称取蜂蜜样品 4.00 g，加入 1 mL 蒸馏水，2 g 氯化钠，并加入搅拌子，旋紧盖子，置于磁力加热搅拌器上，恒温 40 ℃水浴加热。

（2）将 PDMS 萃取头插入样品瓶中，磁力搅拌 30 min 后，收起萃取头，并将采集好的萃取头插入气相色谱仪中的进样口中解析 40 min，得到色谱图。

2. 气相色谱仪的操作流程

（1）先开氮气钢瓶，开电脑，打开工作站，打开仪器开关，打开信号采集器，顺时针打开尾吹氢气和空气旋钮。

（2）电脑控制面板打开采集数据程序文件，在"单次分析"里点击"样品记录"，设置数据存储路径。点开仪器"System"界面，并选择解析样品所设定的文件（即蜂蜜样品解析所需条件），启动 GC。待进样口、色谱柱、检测器的温度升到设定温度，打开氢气和空气钢瓶，并点击仪器控制面板上的"DET"按钮，按"点火"。点火成功后，插入带有样品挥发性成分的萃取头到仪器进样口，同时点击仪器和电脑程序文件的"开始"按钮，信号采集器点击"Ch1"，开始"采集参数"。

（3）采集完毕后，先逆时针关掉尾吹氢气和空气旋钮，同时关掉氢气和空气的钢瓶旋钮。

（4）点击仪器上"SYSTEM"界面，关闭 GC。待进样口、色谱柱、检测器温度同时低于 100 ℃时，关闭仪器电源，关氮气钢瓶。

（5）关工作站，关电脑，关信号采集器。

3. 色谱参数

气化室和检测器温度为 260 ℃；色谱柱采用程序升温：0～5 min，50 ℃；5 ℃/min，升至 150 ℃，恒温 10 min；8 ℃/min，升至 250 ℃，恒温 15 min。

第三节　综合实训

实训 1　蔬菜中农药毒死蜱的定量分析

【能力目标】

（1）查阅资料，讨论、设计并确定蔬菜中农药毒死蜱的定量分析测定方案。

（2）实施测定方案并优化测定方案。

【任务分析】

任务：如何使用气相色谱法定量分析蔬菜样品中的农药残留？

需要查阅的信息包括：目前常用于果蔬的农药有哪些种类？毒死蜱属于哪一类？国标对该类农残的检测方法是什么？国标对该类农残的最大残留限量是多少？样品如何处理？

【技术知识】

1. 方案的设计框架

根据项目查阅资料→设计实验方案→优化实验方案→选择合适的仪器→组建实验仪器及设备→正确规范操作→准确记录数据→正确处理数据→准确表述分析结果。

2. 测定过程

本任务分组完成，各组内人员分工协作，共同完成实验任务。

工作流程：购买蔬菜样品，由组长进行组内分工，查阅文献初步制定实验方案，经全组讨论后实施实验方案。然后在实施过程中不断完善实验方案，最后在教师的指导下得到最佳实验方案和最佳测量结果，处理实验数据，按国家标准对其进行评价，完成实验报告。

实训任务：查阅资料，设计并优化实验方案；完成样品的简单前处理；配制标准溶液；完成样品的测试操作；验证与评价测试数据。

实训 2　市售白酒的品质分析

【能力目标】

（1）查阅资料，讨论、设计并确定市售白酒品质的测定方案。

（2）实施测定方案并优化测定方案。

（3）完成市售白酒品质的检测，按国家标准对其品质进行判断。

【任务分析】

任务：如何使用气相色谱法检测市售白酒的品质？

市售高档白酒中一般主要含有水与乙醇外，还含有少量乙醛、甲醇、乙酸乙酯、正丙醇、仲丁醇、乙缩醛、异丁醇、丁酸乙酯、异戊醇、戊酸乙酯、乳酸乙酯、己酸乙酯。用气相色谱法检测市售白酒的含量,最大的问题在于组分多,沸点范围宽,难以完全分离。可尝试采用毛细管柱气相色谱法。

【技术知识】

1. 方案的设计框架

根据项目查阅资料→设计实验方案→优化实验方案→选择合适的仪器→组建实验仪器及设备→正确规范操作→准确记录数据→正确处理数据→准确表述分析结果。

2. 测定过程

本任务分组完成,各组内人员分工协作,共同完成实验任务。

工作流程:领取样品,进行组内分工,查阅文献初步制定实验方案,经全组讨论后实施实验方案。然后再实施过程中不断完善实验方案,最后在教师的指导下得到最佳实验方案和最佳测量结果,处理实验数据,按国家标准对其进行评价,完成实验报告。

实训任务:查阅资料,设计并优化实验方案;完成样品的简单前处理;配制标准溶液;完成样品的测试操作;验证与评价测试数据。

项目5 高效液相色谱法在食品领域的应用

第一节 分析前的准备工作

一、实验方案

根据实验要求,查阅相关文献资料,整理详细的实验方案。

二、实验预算

根据实验的设计方案列出实验所需的原材料、仪器设备、药品的预算清单,对一些特殊药品和试剂应列出供应商的公司名称,主要的仪器设备应列出其品牌和型号。

三、样品制备

查询相关资料,对待分析样品进行分离、纯化,一般应用于气相色谱的样品前处理技术都可以应用在液相色谱分析。所有样品在进样之前需要用 $0.45~\mu m$ 的滤膜过滤样品溶液。

四、流动相的溶剂处理技术

液相色谱对流动相的要求较高,因此溶剂在作为流动相之前要进行预处理,包括:

(1)溶剂的纯化,去除干扰检测器的杂质。

(2)流动相的脱气,防止气泡进入检测器而引起的基线不稳定。

(3)流动相过滤一般有 $0.45~\mu m$ 的滤膜过滤,防止阻塞流路。

(4)HPLC 分析中,流动相必须进行过滤净化和脱气。

五、对样品的要求

对于需要 HPLC 检测的样品应具备以下几个要求：

（1）需要了解样品的大致信息。不同的样品需要不同的色谱柱分离和不同的检测器检测。

（2）样品的酸碱性不能过强。现在大多数液相色谱连接管路都是用不锈钢制成的，耐高压，但是不耐酸碱腐蚀。

第二节　基础实验

基础实验 1　高效液相色谱仪的基本操作

一、实验目的

（1）掌握液相色谱仪的基本操作流程。

（2）了解液相色谱仪的基本组成。

二、实验原理

液相色谱是指流动相为液体的色谱分析方法，由于液体可选择的范围较气体大得多，因此液相色谱法较气相色谱法的应用范围更广。液相色谱法主要可以分析沸点高、相对分子质量大、受热易分解的有机化合物、生物活性物质以及多种天然产物，它们约占全部有机物的 80%。

三、实验过程

1. 配制流动相

取甲醇（色谱纯）850 mL、二次蒸馏水 150 mL，混合均匀，用 0.45 μm 的无机滤膜过滤，过滤如图 3－2 所示。装入流动相贮液器内，用超声波清洗器脱气 10～20 min，如图 3－3 所示。

图 3-2　流动相过滤过程

图 3-3　流动相脱气

2. 试样的预处理

用微量注射器量取 10 μL 分析纯苯试样,用甲醇稀释至 50 mL,备用。

3. 色谱柱的安装和流动相的更换

将 C18 色谱柱(5 μm,4.6 mm×150 mm)安装在色谱仪上,将流动相更换成 85%甲醇水溶液。

4. 高效液相色谱仪的开机

(1) 打开紫外检测器和高压泵的电源开关。

(2) 设置检测器的检测波长,设置高压泵的流动相比例、流量等参数。

(3) 按"ON/OFF"钮,打开高压泵的开关,逆时针拧开排放阀,按"Purge"钮,排除废液 1～2 min,再按"Purge"钮,顺时针拧紧排放阀。仪器在设定的条件下平衡。

5. 分析样品

(1) 打开工作站,设置分析方法。

(2) 等基线平衡后,用微量注射器量取定量环体积的 3～5 倍的苯试样在上述分析条件下进样。

(3) 记录下样品名对应的文件名,同时打印出经优化的色谱图和分析结果。

四、注意事项

(1) 如果峰高超过检测器检测范围,可以将苯溶液进行稀释。

(2) 操作过程中注意流动相的量,以免高压泵抽空,管路中产生气泡。

(3) 液相进样针只可用平头微量注射器。

(4) 用平头微量注射器吸液时,防止气泡吸入的方法是:将擦净并用样品清洗过的注射器插入样品液面以下,反复提拉数次,除去气泡,然后缓慢提升针心至刻度。

(5)本次训练所用的甲醇属于有毒溶剂,因此在实验过程中需要注意安全,产生的废液必须及时清除。

基础实验 2 茶叶中咖啡因的定性分析

一、实验目的

(1)学习高效液相色谱仪的操作流程。
(2)了解高效液相色谱法测定咖啡因的基本原理。
(3)掌握高效液相色谱法进行定性分析的基本方法。

二、实验原理

咖啡因又称咖啡碱,是由茶叶或咖啡中提取而得的一种生物碱,它属黄嘌呤衍生物,化学名称为 1,3,7-三甲基黄嘌呤。咖啡因能兴奋大脑皮层,使人精神状态好。咖啡中含咖啡因约为 1.2%～1.8%,茶叶中约含 2.0%～4.7%。可乐饮料、APC 药片等均含咖啡因。其分子式为 $C_8H_{10}O_2N_4$,结构式如图 3-4 所示。

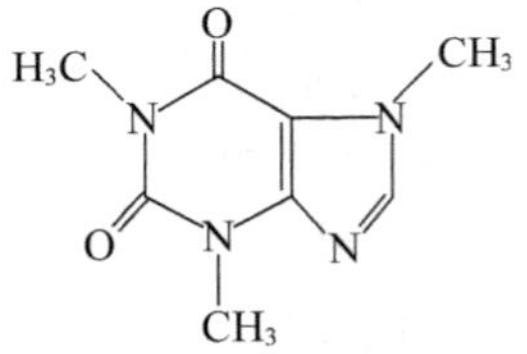

图 3-4 咖啡因分子结构式

色谱常用的定性方法为保留值定性。

三、仪器和试剂

(1)色谱仪:岛津 LC-10ATVP 高效液相色谱仪。
(2)色谱柱:spherisorb C18,5 μm,4.6 mm×200 mm。
(3)流动相:30%甲醇(色谱纯)+70%高纯水;流动相进入色谱系统前,用超声波发生器脱气 10 min。
(4)咖啡因标准贮备溶液:将咖啡因在 110 ℃下烘干 1 h。准确称取 0.100 0 g 咖啡因,用二次蒸馏水溶解,定量转移至 100 mL 容量瓶中,并稀释至刻度。标样浓度 1 000 μg/mL。
(5)20 μL 平头微量注射器。

四、实验内容

（1）标准贮备液配制质量浓度为 80 μg/mL 的标准溶液。

谱仪器条件：泵的流速：1.0 mL/min；检测波长：275 nm；进样量：10 μL；柱温：室温。

（2）仪器基线稳定后，进咖啡因标准样。

（3）工作站观察色谱图，记录保留时间。

（4）准确称取 0.04 g 茶叶，用 20 mL 蒸馏水煮沸 10 min，冷却后，将上层清液转移至 50 mL 容量瓶中，并定容至刻度。

（5）取 5 mL 茶叶水用 0.45 μm 的过滤膜过滤后，注入 2 mL 样品瓶中备用。

（6）用进样针取 10 μL 茶叶水，进样，观察色谱图，记录保留时间。

基础实验 3　奶粉中叶黄素的测定

一、实验目的

（1）掌握高效液相色谱法测定叶黄素的方法。
（2）掌握外标法定量分析的原理和过程。

二、实验原理

奶粉中叶黄素用丙酮提取，浓缩后用高效液相色谱仪——紫外检测器测定，采用外标法定量。

三、仪器

高效液相色谱仪，配紫外检测器；氮气浓缩仪；低温离心机：转速不低于 5 000 r/min，可制冷到 —4 ℃。

四、测定步骤

1. 提取

准确称取奶粉 0.500 g，精确至 0.001 g，置于 50 mL 聚丙烯离心管中。在避光条件下，加入 10 mL 丙酮溶液，振荡提取约 3 min。以 5 000 r/min 低温离心 5 min，移取上清液至一干净的 15 mL 离心管，于 30 ℃ 氮吹浓缩至少于 1 mL。用丙酮溶液定容至 1 mL，在液体混合器上充分振荡混匀，样液过

0.2 μm 滤膜,用液相色谱仪测定,外标法定量。

2. 测定条件

(1) 液相色谱条件

色谱柱:YMC™ Carotenoid,5 μm,250 mm×4.6 mm(内径)或相当者;

柱温:25 ℃;

流速:1.0 mL/min;

检测波长:445 nm;

进样量:50 μL;

梯度洗脱条件见表3-8。

表3-8 液相色谱梯度洗脱条件

时间/min	甲醇/%	甲基叔丁基醚/%
0	85	15
10	78	22
11	10	90
15	10	90

(2) 液相色谱测定

用叶黄素标准工作溶液分别进样,以标准工作溶液浓度为横坐标,以峰面积为纵坐标,绘制标准工作曲线。用标准工作曲线对样品进行定量,样品溶液中叶黄素的响应值均应在仪器测定的线性范围内。在上述色谱条件下,叶黄素的参考保留时间为6.09 mim。

(3) 平行实验

按上述步骤,对同一试样进行平行实验测定。

(4) 空白实验

除不加标外,均按上述分析步骤进行。

3. 结果计算

外标法定量,按下式计算试样中叶黄素含量:

$$X = c \times \frac{V}{m} \times \frac{1\,000}{1\,000}$$

式中:X 为样品中待测组分的含量,mg/kg;c 为从标准工作曲线得到的试样溶液中待测组分的浓度,mg/L;V 为试样溶液定容体积,mL;m 为最终试样溶液所代表的试样质量,g。

计算结果应扣除空白值。

第三节　综合实训

果汁中防腐剂含量的测定及方法验证

【能力目标】

（1）完成果汁中防腐剂含量的测定。

（2）完成果汁中防腐剂含量的测定及方法验证。

【任务分析】

苯甲酸和山梨酸是我国目前最常用的食品防腐剂，广泛地应用于各种果汁饮料中，以防止其变质。但如果防腐剂的含量超过标准限度，或者长期饮用含有防腐剂的饮料，则会对人体健康造成不利影响，因此检测果汁中的苯甲酸和山梨酸含量是非常有必要的，在本次任务中，需要设计方案检测果汁中的苯甲酸和山梨酸，并对选定的分析方法予以验证。

【实训内容】

1. 项目准备过程

（1）查阅资料，讨论并汇总资料，确定分析方案。通过图书、网络搜索工具，查阅相关资料，整理并确定最终方案。

（2）根据所查资料，选择合适的方法处理样品，使其成为可分析的溶液。

（3）溶液配制（流动相、苯甲酸和山梨酸标准溶液等）。

（4）选择合适的色谱柱。

（5）通过调整流动相比例、流速等条件选择最佳的色谱分离条件。

2. 项目完成过程

（1）完成果汁中苯甲酸和山梨酸的标准曲线的制作、测定方法的精密度和重复性测定。

① 配制一系列苯甲酸和山梨酸的标准溶液，分别进样，记录峰面积或峰高，制作峰面积/峰高-浓度的标准曲线，求得相关系数及灵敏度。

② 选择一合适的浓度，连续进样 6 针，记录保留值、峰面积或峰高，计算精密度和重复性（相对标准偏差）。

（2）完成果汁中苯甲酸和山梨酸测定方法的准确度测定。

① 测定果汁试样中的苯甲酸和山梨酸含量。

② 分别在果汁试样中加入一定量的苯甲酸和山梨酸的标准溶液，然后测定总的苯甲酸和山梨酸含量，计算回收率。

（3）完成果汁中苯甲酸和山梨酸测定方法的检测限测定。配制一浓度尽量小的苯甲酸和山梨酸的标准溶液，进样，记录峰面积或峰高，计算检测限。

（4）根据实训所采用的定量方法，正确处理数据。

【注意事项】

（1）标准溶液系列的浓度范围尽量要大，或者可以做几条不同浓度范围的标准曲线。

（2）在测定方法的回收率时，需要根据样品溶液中苯甲酸和山梨酸的含量，加入适量的一定浓度的标准溶液，使加标后样品中的苯甲酸和山梨酸的含量在标准曲线的范围内。

（3）在测定方法的检测限时，可以先配制某一浓度的苯甲酸和山梨酸溶液，根据它们的信号和噪声峰的强度进行比较，对溶液的浓度进行调整，使溶液中组分的信号与噪声峰的强度相近，然后按照公式计算检测限。

【相关知识】

分析方法可行性验证一般包括：精密度、定量限、选择性、线性与范围和耐用性等指标；如果只作简单验证，那么精密度、准确度、检测限和重复性是必须做的，具体内容详见绪论。

【讨论】

（1）每组选出一名代表介绍本组的实验设计、实验结果、实验验证的情况。其他组学生对他们的实验提出问题，并进行评论。

（2）讨论总结实验的成功与不足，找出原因，提出解决方法。

（3）撰写方法验证的小论文。

参考文献

[1] 李赞忠,乔子荣. 现代仪器分析及其发展趋势[J]. 内蒙古石油化工,2011,21:1-4.

[2] 叶昭艳,严辉,杨燕敏等. 现代仪器分析在环境无机分析化学中的应用与发展[J]. 化学工程与装备,2011,4:121-122.

[3] 李肖. 现代仪器分析在食品安全检测中的应用[J]. 食品安全导刊,2016,11:26.

[4] 郭小敏,杨徐康. 现代仪器分析技术在食品安全检测中的应用[J]. 江西化工,2013,4:237-239.

[5] 朱明华. 仪器分析(第四版)[M]. 高等教育出版社,2008.

[6] 刘永生. 仪器分析技术[M]. 化学工业出版社,2012.

[7] 黄一石. 仪器分析[M]. 化学工业出版社,2009.

[8] 王丽. 仪器分析实训[M]. 化学工业出版社,2013.

[9] 张英. 仪器分析实验[M]. 西南交通大学出版社,2013.

[10] 李继萍. 仪器分析[M],北京理工大学出版社,2013.

[11] 田景枝. 现代仪器分析[M]. 中国轻工业出版社,2013.

[12] 刘约权. 现代仪器分析(第3版)[M]. 高等教育出版社,2015.

[13] 董社英. 现代仪器分析实验[M]. 化学工业出版社,2008.

[14] 贾春晓. 现代仪器分析技术及其在食品中的应用[M]. 中国轻工业出版社,2005.

[15] 奶粉中叶黄素的测定——液相色谱-紫外检测法,GB/T 23209-2008.

[16] 水质铊的测定——石墨炉原子吸收分光光度法,GB/T 23209-2008.

[17] 任乃林,郭祥群. 荧光光度法测定鱼肉中的氧佛沙星残留[J]. 食品科学,2007,28(8):386-390.